달콤한 경북 별미 스토리텔링

맛있는 경북 여행

정보상 · 이동미 · 윤규식 · 정철훈 · 문일식 지음

상상출판

경북의 맛있는 여행은
씹을수록 깊어지는 이야기보따리

　수많은 여행을 하면서 사람들을 만나다 보면 무심코 이런 질문을 받을 때가 있다. "경상북도의 음식 중에 뭐가 제일 맛있었어요?" 하지만 그때마다 질문을 받고 한참을 생각한 후에 대답하곤 했다. 하지만 〈맛있는 경북 여행〉을 취재하면서 고민을 덜고 자신 있게 답할 수 있게 되었다. 겨울엔 대게가 맛있고, 포항의 과메기, 울릉도의 오징어순대, 영천의 한우고기 등 계절별로 맛이 좋은 경상북도의 별미를 줄줄 외우고 혀에 침이 고이도록 자랑을 늘어놓을 수 있다.

　흔히 맛의 고장을 생각하면 전라남도의 정식이나 전주의 비빔밥을 쉽게 떠올린다. 하지만 이제 자신 있게 말할 수 있다. 경상북도의 맛은 씹을수록 깊어지는 전통을 품고 있다고. 그래서 깊은 맛이 연상된다고 말이다. 음식 하나에 사연이 있고 전통이 배어 있는 경북의 맛있는 여행을 다니면서 참으로 황홀하고 행복했다. 《맛있는 경북 여행》은 그 행복을 조금이나마 나누는 반찬이 될 것이다.

　경북 북부권은 전통에서 배어난 속 깊은 맛 이야기가 재미나다. 한국 정신문화의 수도 안동을 중심으로 봉화, 영주는 양반가의 음식을 잇고 있다. 영양은 〈반가음식연구회〉가 있어 수백 년 전의 음식과 전통을 이어오고 있다. 또한 안동은 안동소주를 비롯해 음식 하나하나에 배어 있는 스토리텔링이 재미있다. 봉화는 최고의 자연재료인 송이를 이용해 맛있는 음식으로 입소문이 자자하다. 이밖에도 김천의 잉어찜, 의성과 예천의 소국밥과 순대국, 김천의 갱시기, 청송의 달기약수백숙 등 자연환경에서 탄생한 토속적인 별미가 가득하다.

　경북의 동해권에서 세상의 모든 맛을 누리는 맛기행을 나설 수 있다. 동해바다의 최고 별미는 대게다. 영덕과 울진에서 나는 대게는 우리나라 최상의 겨울 보양식이다. 또한 포항의 물회, 보리피자는 토박이들도 좋아하는 별미다. 천년의 역사를 간직한 경주 팔우정해장국은 역사적인 스토리를 품고 있고, 교동법주는 최씨 집안의 가양주로 우리나라 명품 전통주로 손꼽힌다. 울릉도에는 오징어순대와 약초로 키운 명품 한우가 있고, 울진의 물곰탕은 숙취에 좋은 서민적인 음식이다.

남부권에서는 원기충전, 최고의 경북 보양식 대탐험을 즐길 수 있다. 경북 남부권은 보양식 천국이라 해도 과언이 아니다. 구미의 한방잉어찜, 경산의 염소탕, 영천의 육회, 고령의 도토리수제비, 성주의 펑샤브샤브, 칠곡의 순대국밥, 군위의 청동오리 숯불고기, 청도의 추어탕까지 우리나라에서 손꼽히는 보양식을 경북 남부권에서 모두 맛볼 수 있다. 여기에 일본에 수출된 구미의 산동막걸리, 물 좋은 성주와 청도의 가천막걸리와 동곡막걸리는 향과 맛이 뛰어나다. 보양식에 든든한 막걸리까지 맛본다면 그야말로 신선이 따로 없다.

경상북도는 '한국 속의 한국(Korea in Korea)'이라 불릴 만큼 전통문화를 잘 간직하고 있다. 아직까지 개발의 손길이 미치지 않은 수려한 자연경관과 전통문화유산 등 매력적인 관광자원을 보유하고 있으며, 이를 활용한 관광산업은 미래 성장 산업으로서 무한한 가치를 지니고 있다.

하지만, 관광산업이 발전하기 위해서는 여행지 방문 위주의 탐방에서 벗어나 스토리와 추억, 경험, 역사, 문화, 축제 등을 접목한 소프트 관광산업으로 발전해야만 경쟁력이 있다. 2009년 23개 시·군의 구석구석에 숨어 있는 스토리를 근간으로 《경상북도 이야기 여행》을 발간하여 많은 호응을 받았다. 2010년에도 한국여행작가협회 회원들이 직접 발로 뛰며 취재해서 '경북의 맛'을 테마로 전통음식과 술에 얽힌 흥미진진한 이야기들을 모아 가이드북 제2권 《맛있는 경북 여행》을 발간하게 되었다. 이 책은 관광객들에게 '흥미'와 '즐길 거리'가 있는 경상북도 여행을 선사할 수 있는 계기가 될 것이다. 더불어 지난여름 내내 다녔던 신선이 부럽지 않은 맛기행은 평생을 두고 행복한 기억이 될 것만 같다.

2010년 10월 20일
정보상(와우트래블 대표, 한국여행작가협회 정회원)

Contents

PART 2

세상의 모든 맛을 누릴 수 있는 동해바다

동해권

PART 3

원기충전, 최고의 경북 보양식 대탐험

남부권

맛 있는 경북 여행

영주시

문경시

예천군

상주시

의성군

구미시

군위군

김천시

칠곡군

성주군

고령군

울릉도

울진군

봉화군

영양군

안동시

영덕군

청송군

포항시

영천시

경산시

경주시

청도군

영양 석이편
　　　초화주
청송 달기약수백숙
안동 안동찜닭
　　　건진국시
　　　안동소주
봉화 송이돌솥밥
　　　봉화선주
영주 묵밥
　　　순메밀냉면과 한우불고기
　　　태평초
의성 소머리곰탕
　　　외정황토못매기
문경 새재묵조밥
　　　호산춘
예천 용궁순대
김천 갱시기
　　　과하주
상주 은자골탁배기
포항 물회
　　　보리피자
영덕 대개찜
울릉 오징어순대
　　　약소불고기
경주 팔우정해장국
　　　교동법주
울진 물곰탕
　　　대개탕
구미 잉어찜
　　　산동막걸리
경산 흑염소탕
영천 육회
고령 도토리수제비
　　　스무주
성주 꿩샤브샤브
　　　가천막걸리
칠곡 순대국밥
군위 청동오리숯불고기
청도 민물잡어추어탕
　　　동곡막걸리

PART 1

전통에서 배어난 속 깊은 맛 이야기

북부권

한국 정신문화의 수도 안동을 중심으로 봉화, 영주는 양반가의 음식을 잇고 있다. 영양은 〈반가음식연구회〉가 있어 수백 년 전의 음식과 전통을 이어오고 있다. 또한 안동은 안동소주를 비롯해 음식 하나하나에 배어 있는 스토리텔링이 재미있다. 봉화는 최고의 자연재료인 송이를 이용해 맛있는 음식으로 입소문이 자자하다. 이밖에도 김천의 잉어찜, 의성과 예천의 소국밥과 순대국, 김천의 갱시기, 청송의 달기약수백숙 등 자연환경에서 탄생한 토속적인 별미가 가득하다.

《음식디미방》의 대미를 장식하는
석이편

음식의 맛을 아는 방법을 모은 《음식디미방》. 이미 340년 전에 쓰인 책으로 조선시대 반가음식의 정수를 모아놓고 있다. 화려하지도 않고 복잡하지도 않은 음식들이지만 소재의 맛과 색을 그대로 살려 정갈함과 건강함을 느낄 수 있다. "압록강 동쪽에는 이 음식과 비교할 음식이 없다"는 말로 정리한 어느 유명인의 말 속에서 《음식디미방》의 특별함을 느낄 수 있다. 문헌을 토대로 재현된 음식 가운데 가장 나중에 나오는 음식은 석이편이다. 감미료를 사용하지 않지만 은은하면서도 깊은 단맛으로 음식디미방 요리의 대미를 장식한다.

글 · 사진 | 정보상

《음식디미방》 재현 음식의 대미를 장식하는 석이편

《음식디미방(飮食知味方)》은 1670년(현종 11년)경 정부인 안동 장씨(貞夫人 安東 張氏)가 후손들을 위해 지은 조리서다. 동아시아에서 최초로 여성이 쓴 조리서이며, 한글로 쓴 최초의 조리서로도 유명하다. 또한 영양군이 '세계 속의 명품 음식'을 꿈꾸며 개발한 '우리 전통의 반가음식 브랜드'이기도 하다.

음식디미방의 '디'는 '알 지(知)'의 옛말로, 제목을 풀이하면 '음식의 맛을 아는 방법'이라는 뜻을 지닌다. 음식디미방 이전에도 한국에 음식에 관한 책은 있었지만 모두 한문으로 쓰었으며, 음식을 산략하게 소개하는 것에 그쳤다. 반면 음식디미방은 예로부터 전해오거나 장씨 부인이 스스로 개발한 음식 등, 양반가에서 먹는 각종 특별한 음식들의 조리법을 자세하게 소개하고 있다. 17세기 중엽 한국인들의 식생활을 연구하고 이해하는 데 귀중한 문헌이다. 현재 원본을 경북대학교 도서관에서 소장 중이다.

이 책 속에 간직되어 내려온 음식들은 2005년 음식디미방 보존회가 만들어지면서 세상에 나오게 되었다. 음식디미방의 다양한 음식 가운데 일부는 지금 영양 두들마을에 있는 음식디미방 체험관에서 맛볼 수 있다. 황분선 씨가 밝히는 음식디미방의 맛의 비결은 복잡하지 않다. 최고의 식재료에 양념을 간결하게 하고, 건강에 가장 좋은 조리법인 찌거나 중탕하거나 삶는 방식으로 조리하여 소재 그대로의 맛을 살리는 것이다. 양념을 많이 사용하지 않아 화려한 색감은 없지만 오히려 소재의 맛이 직접

영남지방에 내려오는 반가음식을 보존하는
〈음식디미방 보존회〉 회장을 맡고 있는 황분선 씨

드러나는 것이 장점이다.

음식디미방 체험관을 주로 찾는 사람들은 건강에 관심 많은 의사들이다. 음식문화 관련 학과가 있는 대학의 교수나 학생들도 있다. 일주일 전에 예약하고 10명 이상이 주문해야 겨우 맛볼 수 있는 귀한 음식이지만 1년 예약이 거의 찰 정도로 인기가 높다. 몇 년 전 체험관을 방문한 한승수 전 국무총리가 정갈하면서도 깊은 맛을 느끼고는 "압록강 동쪽에는 이 음식과 비교할 음식이 없다"고 표현했을 정도다.

정부인상에는 340년 전 음식이 그대로 재현되어 있다

2005년 늦봄 두들마을에서는 케이블TV 상생방송의 〈고서 지혜의 문〉 촬영이 있었다. '고서(古書)에는 한민족의 사상과 문화가 응축되어 있다'는 테마를 가진 이 프로그램에서 음식디미방을 다뤘다. 고서에 나오는 음식을 재현하기 위해 영양에 사는 여러 사람이 수고를 했고, 방송이 나간 후에는 음식디미방 보존회가 만들어졌다. 안동 장씨 부인이 340년 전 책을 통해 후세에 전달해 준 영남지방 반가음식을 복원하는 작업이 시작된 것이다.

음식디미방 보존회가 처음 만들어졌을 당시에는 현재 회장을 맡고 있는 황분선 씨와 약 20여 명의 회원이 활동했다. 지금은 26명 정도로 회원이 약간 늘었다. 매주 화

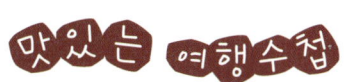

 석이편 10배 활용법

만드는 과정부터 좋은 재료와 정성이 들어간 석이편은 석이버섯의 은근한 향과 잣의 고소한 맛을 느낄 수 있는 최고의 선물이다. 단맛을 내는 설탕이나 감미료가 전혀 들어가지 않았지만 재료 고유의 맛이 그대로 살아 있어 받는 사람에게 감동을 준다. 석이편과 어울리는 음료로는, 겨울에는 따뜻한 대추차와 수정과가 좋고 여름에는 시원한 오미자차나 화채 등이 좋다.

요일에 모여 음식디미방에 나오는 음식을 연구하는 작업을 통해 지금까지 30~40여 가지의 음식을 재현해냈다. 음식디미방 전수관에서 맛볼 수 있는 음식들은 음식디미방 보존회 회원들이 만든다. 이들은 모두 자발적인 봉사활동을 하고 있고 보수도 받지 않는다. 대부분이 전업주부이고, 안동 장씨 문중과도 관계가 없다.

음식디미방에서 맛보이는 모든 음식은 철저하게 원문에 나온 조리법에 따른다. 지금 구할 수 있는 식재료를 가지고 철저한 고증을 통해 재현한다는 원칙을 세워 세상에 내놓은 메뉴는 현재 두 가지 코스. 정찬 풀코스인 정부인상은 식전술로 진사주가, 주 요리로는 7가지 디미방 재현 음식이 나오며 식사는 7첩 반상으로 이어진다. 후식으로는 석이편이나 오미자화채가 제공된다. 정부인상의 일부 메뉴를 생략한 소부상도 있다. 한 상에 차려내는 음식이 아니라 코스로 이어지는데 음식이 나올 때마다 설명이 곁들여진다.

| 석이편 레시피 |

① 쌀과 찹쌀을 미리 씻어 불려서 소금을 넣고 가루로 빻아서 고운 체에 내린다.

② 석이버섯을 더운물에 불려서 깨끗이 비벼 씻고 아주 곱게 다진다.

③ 떡가루에 물을 고루 뿌려서 손으로 비벼 체에 내리고, 석이가루를 넣고 섞어서 다시 체에 내린다.

④ 잣은 고깔을 떼고 마른행주로 닦은 뒤에 종이를 깔고 칼로 곱게 다져서 잣가루를 만든다.

⑤ 찜기에 젖은 베보자기를 꼭 짜서 잣 고물을 고루 펴고, 위에 석이 섞은 떡가루를 쏟아 편편이 하고 다시 잣 고물을 뿌린 뒤 김이 오른 찜통에 20분간 찐다.

재현된 음식을 코스로 맛볼 때 가장 나중에 나오는 음식은 석이버섯과 잣가루가 들어간 떡 석이편이다. 단맛이 강해야 하는 후식이지만, 석이편은 설탕과 같은 감미료를 전혀 사용하지 않고 있다. 그런데 신비롭게도 은은하면서 깊은 단맛으로 음식디미방 요리의 대미를 장식한다.

책에서는 석이편을 만드는 방법을 이렇게 적고 있다.

"빅미 흔 말이면 춥쌀 두 되를 흔듸 둠갓다가 ᄀᆞᄅ 밍들고 셩이 흔 말을 덴 물에 조히 씨어 다듬마 싸ᄒᆞ라 섯거 녀서 풋 시루편 ᄀᆞ치 안치듸 빅자를 쏘사 켜 노하 씨라. 이 편이 ᄀᆞ장 흔 별미니라."

이를 현대어로 풀어 쓰면

"백미(멥쌀)가 1말이면 찹쌀 2되를 함께 담갔다가 가루로 만든다. 석이버섯 1말을 따뜻한 물에 깨끗이 씻어 다듬어 썰어서 섞어 넣는다. 팥 시루떡 같이 떡을 안치되 잣을 으깨어 켜켜이 놓고 찐다. 이 떡이 최고의 별미다."

말 그대로 간단한 재료로 환상의 맛을 만들어 낸다.

 음식디미방

340년의 세월을 뛰어넘은 음식디미방의 조리비법을 그대로 재현해 낸 여러 음식을 한 상에서 만날 수 있다. 전통한옥의 고풍스러움 속에 정갈한 음식을 즐길 수 있는 음식디미방 프로그램 가운데 맛질방문(전통음식 시식)을 선택하면 된다. 소부상과 정부인상 두 가지가 있으며 1주일 전에 10명 이상이 신청해야 한다.
문의 영양군청 문화관광과 관광개발담당 680-6043

 찾아가는 길

중앙고속도로 서안동IC → 안동시내 진입 후 도심 통과 → 34번국도 영덕 방향 → 진보읍내를 통과하여 월전삼거리에서 영양 방면으로 좌회전 → 흥구교 앞에서 석보면 방향 911번 지방도로 우회전 → 석보면 두들마을 도착

 참고문헌

《음식디미방주해》(2006년, 글누림)

고려 중기부터 서화를 즐기던 사람들에게 사랑받아온 초화주. 뒤끝이 깨끗해 몸가짐에 유난히 신경 쓰는 문인 선비들이 즐겨 마셨다는 술이다. 우리네 인생처럼 단맛과 매운맛, 쓴맛, 떫은맛 등 다양한 맛이 어우러져 독특한 맛과 향을 낸다. 1999년 본격적으로 제품화하여 세상에 선보이기 전까지, 이 술은 맛본 사람을 손가락에 꼽을 정도로 귀했다. 오늘날 초화주의 맥을 잇는 임증호 대표의 문중에서는 정월 초하루 가장에게 올리는 새해 축하주로 쓰이고 있다.

글 · 사진 | 정보상

새해를 축하하며 마셨던 초화주

고려시대의 문인 이규보(1168~1241)는 술을 의인화하여 쓴 가전체설화 〈국선생전(麴先生傳)〉의 저자이며 술 없이는 시를 짓지 못했다고 전해진다. 그의 문집《동국이상국집(東國李相國集)》에는 이화주 등과 함께 초화주라는 술이 소개되고 있다. 이 술은 현재 남아 있는 문헌으로 보아 고려시대까지 그 역사가 거슬러 올라가는 전통주이다. 역사적 기록만 따져보더라도 고려 중기부터 명주로 꼽혀왔음을 짐작할 수 있다.

경북 영양군 청기면 영양장생주의 임증호 대표(58) 집안은 전국에서 유일하게 이 전통 있는 술의 맥을 잇고 있다. 임 씨는 이규보보다 20여 년 연상으로 술을 의인화해 쓴 소설 〈국순전〉의 작가인 서하(西河) 임춘의 후손이다. 그의 5대조 종조부인 국은(菊隱) 임응성(林應聲)은 〈원조(元朝)〉라는 시에서 좋은 봄날을 헛되이 보내야만 하는 자탄(自歎)을 초화주 한잔에 실었다.

올해의 사람도 작년의 사람인데
사람은 해와 더불지 못하여 해만 홀로 새롭다
맑은 날 초화주 가득히 붓고서
흰 머리 그래도 부질없이 봄을 저버린다.
[今年人是去年人 人不興歲歲獨新 淸辰滿酌椒花酎 白髮居然空負春]

이런 시구를 통해, 초화주가 예부터 정월 초하룻날 제사를 마치고 새해를 축하하며 여러 자손들이 가장에게 올리던 술이었음 짐작해 볼 수 있다.

임증호 대표는 "고려와 조선시대에 많은 문중에서 빚어왔으나 경술국치 이후 일제의 주세정책으로 다른 문중에서는 맥이 끊긴 것 같다"고 말하고 있다. 그러나 예천 임씨인 자신의 집안에서는 유독 술과 시를 좋아한 선조들이 많았던 덕분에 초화주의 맥이 이어져 왔다는 설명이다.

초화주(椒花酎)는 후추(椒)와 꽃(花) 속의 꿀이 들어가는 술로 지하 164m에서 끌어올린 암반수와 쌀을 발효시킨 증류주다. 여기에 청정지역으로 이름난 경북 영양군 일월산 자락에서 캐낸 천궁, 당귀, 황기, 오가피, 갈근 등의 약재와 후추가 첨가된다. 이 술에는 우리네 인생처럼 단맛과 매운맛, 쓴맛, 떫은맛 등의 다양한 맛이 어우러져 독특한 맛과 향을 낸다. 자고 일어나면 전날 술 마셨다는 느낌을 받지 못할 정도로 뒤가 깨끗해 예부터 몸가짐에 신경을 많이 쓰는 문인 선비들의 애정을 듬뿍 받아왔다. 조지훈·오일도·이문열 등 수많은 문인·선비를 배출한 '문향(文鄕)의 술'이기도 하다.

세상에 나오기 전까지는
맛보기 어려웠던 선비의 술

예천 임씨 31대손인 임증호 대표는 영양 청기면에 있는 부친의 막걸리 양조장을 물려받아 2대째 양조장을 경영하고 있다. 안동으로 유학했던 그는 중학교 2학년 때부터 방학 때 집에 내려오면 막걸리 배달부터 고두밥 단지에 넣기, 끓어오르는 밑술 젓기 등을 하며 집안일을 도왔다. 그리고 1979년 영양 일월면에서 양조장을 경영해온 집에서 자란

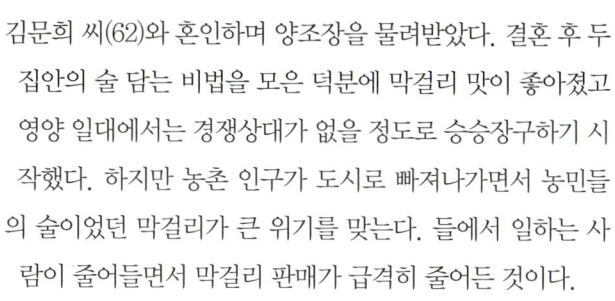

김문희 씨(62)와 혼인하며 양조장을 물려받았다. 결혼 후 두 집안의 술 담는 비법을 모은 덕분에 막걸리 맛이 좋아졌고 영양 일대에서는 경쟁상대가 없을 정도로 승승장구하기 시작했다. 하지만 농촌 인구가 도시로 빠져나가면서 농민들의 술이었던 막걸리가 큰 위기를 맞는다. 들에서 일하는 사람이 줄어들면서 막걸리 판매가 급격히 줄어든 것이다.

더 이상 물러설 곳이 없었던 임 대표는 1995년부터 임씨 가문의 가양주(家釀酒)인 초화주를 상품화하기로 결심한다. 하지만 집에서 담그는 술이라 상품화하기까지 여러 어려움이 있었다. 누룩을 만들기가 쉽지 않았고, 익은 술을 소줏고리에 앉혀 증류해내는 과정도 손이 많이 가서 양산에 어려움이 많았다. 약 3년간의 노력 끝에 드디어 1999년 초화주를 시장에 내놓는다. 초화주가 1999년 본격적으로 세상에 선보이기 전까지는 이 술을 맛본 사람을 손가락에 꼽을 정도로 귀했다.

초화주는 이듬해인 2000년 8월, 한국전통식품 세계화를 위한 품평회에 참가해 금상을 받았다. 그 해 10월에는 '서울 ASEM 정상회의' 공식주로 채택돼 명주로서의 진가를 입증하였다. 또한 최근에는 소비자들로부터 높은 선호도를 보임과 동시에 각 지역의 이미지 및 브랜드 가치를 높일 수 있는 지역특산품을 대상으로 하는 품평회

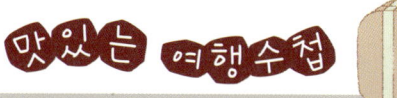

 ### 초화주 즐기는 법

초화주를 마실 때는 단숨에 들이키기보다는 몇 번으로 나눠 천천히 마시는 것이 좋다. 천천히 음미하면서 마시면 12가지 한약재와 후추, 꿀이 빚어낸 오묘한 맛의 조화를 느낄 수 있다. 초화주는 독주임에도 묘한 맛과 향이 거듭 잔을 비우게 하는, 영양의 자연과 풍류가 빚어낸 술이다. 반주로 2~3잔 정도 마시면 기(氣)가 돌고 피가 맑아진다고 사람들이 입을 모은다.

에서 〈2008 대한민국 우수특산품 대상〉에 선정되기도 하였다.

임 대표는 '우수한 술을 만드는 것도 중요하지만 그 품질을 보장하는 것도 매우 중요하다'고 생각한다. 우선 전통의 맛을 지키기 위해 영양 일대에서 우수한 한약재를 구하지 못하면 아무리 많은 주문이 들어와도 초화주를 만들지 않는다는 원칙을 고집하고 있다. 이는 천편일률적으로 만들어내는 보통의 술보다는 조상 대대로 내려오는 전통 제조방법을 지키면서 정성과 혼이 깃든 술을 빚기 위해서다.

 영양장생주
주소 경북 영양군 청기면 청기리 794번지 **구입문의** 682-6036 **영양농특산물직판장** 682-9793
영양장생주에서는 초화주 이외에도 일월산 머루주, 복분자주 등 몸에 좋은 술을 제조하고 있다.

 찾아가는 길
중앙고속도로 서안동IC → 안동시내 진입 후 도심 통과 → 34번국도 영덕 방향 → 진보읍내를 통과하여 월전삼거리에서
영양 방면으로 좌회전 → 31번국도 영양읍 통과 → 청기면사무소 뒤편 영양장생주

 참고문헌
《우리시대의 한국문학 제6권 고전소설》(1997, 계몽사) 국순전
예천임씨금양파 세보(世譜)

 맛있는 레시피

| 초화주 레시피 |

① 밀을 빻아 반죽한 뒤 연잎에 사서 누룩을 띄운다.
② 멥쌀(찹쌀을 쓰기도 함)을 불려 고두밥을 찐다.
③ 고두밥에 누룩과 물을 혼합해 선선한 곳에 1주일가량 둬 밑술을 만든다.
④ 천궁·당귀·황기·오가피·갈근 등 12가지 한약재와 후추를 함께 달인 다음 고두밥과 함께
　 밑술에 넣어 섭씨 20도 정도 되는 곳에서 한 달가량 발효시킨다.
⑤ 이를 증류하면서 항아리에 꿀을 발라놓고 증류주를 받으면, 다양한 맛이 어우러져 톡 쏘듯 입안에
　 번지는 45도 안팎의 초화주가 된다.

추천여행코스

두들마을 ⇨ 음식디미방 ⇨ 선바위지구 ⇨ 서석지 ⇨
주실마을 ⇨ 청기면 영양장생주 ⇨ 일월산

여행정보

① **두들마을(음식디미방)** 조선시대 때 광제원이 있었던 곳으로
재령 이씨들의 집성촌이다. 석계고택, 석천서당 등 전통고옥
30여 채와 동대, 서대, 낙기대, 세심대가 새겨진 기암괴석을
비롯하여 궁중요리 서책을 쓴 정부인 안동 장씨의 비석 등이
잘 보존되어 있다.

② **선바위지구** 음악분수, 분재전시관, 산책로 등이 조성돼 있어
잠시 쉬어가기에 좋다. 숙박시설, 음식점, 농산물직판장, 보트
장 등을 준비해 영양을 찾는 이들이 즐거운 한때를 보낼 수
있는 곳이다.

③ **서석지(瑞石池)** 중요민속자료 제108호로, 담양의 소쇄원, 보
길도의 부용정과 함께 우리나라 3대 민간정원으로 꼽힌다.
옛 모습 그대로 남아 있어 영양 나들이에서 꼭 들러보아야
할 곳이다.

④ **주실마을(청기면 영양장생주)** 마을 곳곳에는 종가인 옥천종
택(玉川宗宅)과 조지훈의 생가인 호은종택(壺隱宗宅)을 비롯
한 많은 고가들이 여전히 번듯하다. 조지훈문학기념관과 조
지훈이 어렸을 때 수학했던 월록서당이 남아 있다.

⑤ **일월산** 해와 달의 정기가 합하여 음양의 조화를 이루고 있다
는 민족의 영산이다. 많은 무속인들은 남한 땅에서 신을 만날
수 있는 산이 지리산, 계룡산, 일월산 등 세 산에 불과하며, 그
중 일월산이 가장 영험한 산이라 주장한다.

영양의 맛

영양의 먹거리로는 깊은 산에
서 채취한 산나물과 그 산나물
에 영양 고추장으로 맛을 낸 산
채비빔밥이 있다. 영양 한우와
송이를 한꺼번에 맛볼 수 있는
송이버섯불고기도 잊을 수 없
는 맛으로 영양읍내에 있는 맘
포식당(683-2329)에서 맛볼 수
있다. 그밖에 영양읍내에 있는
식당으로는 산채정식으로 소문
난 하얀비가든(682-3355)과 한
우불고기 전문 실비식당(683-
2463)이 있다.

숙소

신라장여관(683-3284), 일월
산관광모텔(683-8008), 참청
정 펜션(683-6700), 석보여관
(682-0131), 검마산자연휴양림
(682-9009) 등이 있다.

약수와 닭이 만나 궁합을 이룬
달기약수백숙

암탉이 알 낳기 전에 '꼬륵, 꼬륵' 우는 소리와 닮았다는 청송 달기약수의 약수 솟는 소리. 이 때 문인지 달기약수로 만든 닭백숙은 몸에도 좋고 먹기도 좋은 환상의 궁합을 이룬다. 달기약수는 탄산에 철분이 섞여 있어 위장 약한 사람들에게 더 좋다. 이 약수로 끓인 닭백숙은 닭의 지방을 제거해 고기 맛이 담백하고 먹기에도 좋다. 같은 약수로 끓인 닭백숙이라도 얼마나 신선한 약수를 사용하는지에 따라 맛이 달라지는지라 달기약수탕 부근에 닭백숙집들이 모여 있다.

글 · 사진 | 정보상

약수 나오는 소리에 착안해 만들었다는 닭백숙

경북 청송 달기약수탕 부근의 식당과 여관에는 달기약수로 삶은 약수백숙이 있어 많은 사람이 찾는다. 달기약수는 위장병, 빈혈, 신경통, 부인병 등에 효험이 좋은 것으로 널리 알려져 있다. 다른 약수터와 달리, 하탕, 신탕, 성지탕, 중탕, 천탕, 상탕 등 6개의 약수탕(약수터의 이 지방 말)이 7백여 미터 거리에 줄지어 있다는 점이 특이하다.

달기약수가 발견된 것은 조선조 철종(1849~1863) 때로 전해진다. 금부도사(禁府都事)를 지낸 권성하(權成夏)란 사람이 낙향하여 부곡리에 자리 잡고 살면서 이곳 사람들과 수로 공사를 하던 중, 우연히 바위틈에서 솟아오르는 약수를 발견했다고 한다. 물맛을 보았더니 트림이 나오고 뱃속이 편안하여 위장이 나쁜 사람들이 즐겨 마시기 시작했고, 그 뒤로 달기약수는 위장병에 좋은 물로 전국에 널리 알려졌다.

약수는 사계절 나오는 양이 같고 아무리 가물어도 물이 줄어들지 않는다. 한겨울에도 얼지 않으며 빛과 냄새가 없다. 또 약수로 밥을 지으면 밥의 색깔이 푸르며 찰기가 있다. 처음 발견되었을 때에는 좁은 바위틈에서 약수가 겨우 새어 나와 가랑잎으로 받아 마셔야 하는 바람에 사람들이 줄지어 기다려야 했다고 한다.

달기약수라는 이름이 붙은 동기가 재미있다. 약수가 솟아오르며 내는 '꼬륵, 꼬륵' 하는 소리가 마치 암탉이 알을 낳기 전에 내는 울음소리와 닮았다 하여 처음에 '닭이'로 불리다 '달기'가 됐다는 이야기가 전해온다. 닭과 약수의 관계를 조금 더 발전시킨

이야기도 있다. 암탉 우는 소리가 나는 약수로 어떤 음식을 만들면 좋을까 고민하던 사람들이 닭과 약수가 잘 어울려 암탉으로 백숙을 만들어 보았고, 고소하면서도 담백한 백숙 맛을 발견해 지금까지 전해 내려온다.

약수와 닭이 만나 환상의 궁합을 이룬 청송 달기약수 닭백숙은 철분 함량이 많은 탄산수가 닭의 지방을 제거해 고기 맛이 담백하고 먹기 좋다. 백숙에 인삼과 황기, 마늘, 대추, 녹두를 넣어 약선 요리로도 손색이 없다. 예전에는 닭과 찹쌀, 마늘, 약수를 넣고 참나무로 불을 때어 푹 고는 방법으로 조리했지만 지금은 대부분의 업소에서 압력솥으로 백숙을 만들어 낸다.

신선한 약수가 닭백숙 맛의 비결

달기약수는 상탕 중탕 하탕으로 이루어져 있다. 한곳에 모여 있는 약수지만 그 맛과 성분이 약간 다르다. 상탕과 하탕은 탄산이 많아 '톡' 쏘는 맛이 강하다. 중탕은 탄산이 적지만 철분이 많아 약수의 효능이 조금 더 좋다는 평가도 있다. 철분이 많은 중탕에 자리 잡은 달기약수닭백숙 식당의 대표 이해성 씨(44)는 하탕에서 닭백숙 전문식당을 하는 청송여관 식당의 대표와 모자지간이다. 2대가 닭백숙으로 경쟁을 벌이고 있는 셈이다. 결혼 전에도 어머니를 도와 닭백숙 삶는 일을 했지만, 1992년 김외숙 씨(43)와 결혼하면서 본격적으로 이 일에 뛰어들었다.

어머니 밑에서 13년 동안 일하던 그가 독립하게 된 계기는 식당 안에 약수가 나는 집을 좋은 조건으로 인수하면서부터다. 독립 후 3년 동안 소문도 나고 제법 쏠쏠하게 재미를 보던 중 위기가 닥쳐왔다. 1996년 경북의 한 지방지에서 달기약수의 수질이 오염된 상태라 마셔서는 안 된다는

기사를 낸 것이다. 기사가 나간 후 달기 약수 부근에서 닭백숙 전문식당을 하는 사람들은 큰 타격을 입었다. 오염된 약수로 끓여낸 닭백숙을 먼 산골까지 찾아와 먹는 사람은 당연히 없었기 때문이다. 그러나 그 기사가 잘못된 내용으로 밝혀졌고 정정 기사가 나가면서 조금씩 회복되기는 했지만, 그 후유증은 제법 오래갔다.

달기약수 닭백숙은 좋은 닭과 좋은 재료도 중요하지만, 신선한 약수가 맛과 영양을 좌우한다. 따라서 약수터에서 약수를 길어와 닭백숙을 하는 집과 마당에서 갓 떠올린 약수로 만드는 닭백숙은 색상에서부터 차이가 난다. 단골손님이 많은 이 식당의 닭백숙은 유난히 부드럽고 뒷맛이 고소하다. 그 비결은 신선한 약수에 있다. 마당에 약수터가 있어 갓 떠낸 약수로 닭백숙을 조리하기에 특별한 맛을 내는 것이다.

"달기약수로 닭을 삶으면 육질이 참 부드러워집니다. 닭 특유의 비린내도 씻은 듯이 사라집니다. 신선한 약수로 삶으면 더 부드럽죠. 키운 지 80~90일 정도 되는 토종닭에 찹쌀과 대추, 은행, 녹두를 넣고 압력솥에 푹 고아내면 구수하고도 감칠맛

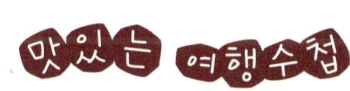 

🖌️ 닭백숙과 함께 먹으면 좋은 음식들

청송약수닭백숙은 약수를 사용하므로 일반 물보다 높은 온도에서 끓어 닭과 약재의 영양성분 추출이 쉽다. 따라서 회복기 환자에게 특히 좋다. 다리는 죽과 함께 내고 몸통은 불고기로 해도 별미다. 닭가슴살을 양념고추장과 마늘, 물엿에 버무려 석쇠에 구운 닭불고기는 먹음직스런 떡갈비를 닮았다. 닭가슴살에다 닭발을 손질해서 같이 버무려 만들면 풍미가 더 좋아진다. 압력솥에 불린 찹쌀을 따로 담아 만들어내는 밥도 약수로 지어 찰기가 더하고 빛깔도 파르스름하다.

나는 닭백숙이 됩니다. 이 푸르
스름한 빛이 도는 닭백숙은 청
송 달기약수 사람들의 자랑입니
다." 달기약수닭백숙 식당의 대표
이해성 씨의 자부심 넘치는 말이다.

 달기약수닭백숙

주소 경북 청송군 청송읍 부곡리 300번지 **전화** 873-2351
달기약수닭백숙은 17년 된 닭백숙 전문식당이다. 이곳에서는 닭백숙 외에도
닭가슴살을 양념해 숯불에 구워낸 닭불고기와 오골계백숙, 오리백숙, 더덕구이,
도토리묵 등을 맛볼 수 있다.

 찾아가는 길

중앙고속도로 서안동IC → 안동시내를 통과하여 안동대학교에서 영덕 방향
34번국도 → 진보에서 청송 방향으로 우회전 → 31번국도에서 청송읍내 진입 →
주왕산관광호텔 앞을 지나 직진 → 달기약수 중탕 부근 달기약수닭백숙

 참고문헌

《대한민국 대표 음식이야기》(2009년, 넥서스BOOKS)

 맛있는 레시피

| 달기약수백숙 레시피 |

1 닭을 청결하게 손질한 뒤 배를 갈라놓는다. 80~90일 정도 된 중닭이 가장 적당하다.
2 찹쌀 200g 정도, 대추 6~7알, 마늘 7~10알, 은행 7~10알을 닭의 뱃속에 넣는다.
3 닭이 잠길 정도의 약수를 먼저 압력솥에 붓고 닭을 솥에 넣는다.
4 미리 물에 불려놓은 녹두 100g 정도와 황기 20g, 인삼 한 뿌리를 올려놓는다.
5 압력솥에서 강한 불로 10여 분, 중불로 20분 정도 삶는다.

추천여행코스

주왕산국립공원 ⇨ 주산지 ⇨ 달기약수탕 ⇨
달기약수닭백숙 ⇨ 신성계곡 ⇨ 송소고택

여행정보

① **주왕산국립공원** 중국 진나라의 주왕이 피신했다는 주왕의 전설을 안고 있는 주왕산은 왕관처럼 봉우리가 빙 둘러서 있고, 가운데는 움푹 꺼진 분지형태의 독특한 산이다. 3개의 폭포와 학소대와 주방계곡 등의 풍광이 가장 유명하다. 주왕산은 산세가 웅장하고 골이 깊어 장관이고 단풍은 손꼽히는 절경이다. 문화재는 신라 문무왕 12년(672)에 창건한 대전사와 백련암이 있다.

② **주산지** 깊은 주왕산 자락을 따라 물을 모아 만든 주산지는 조선 경종 원년 1721년에 완공한 저수지이다. 영화 〈봄, 여름, 가을, 겨울 그리고 봄〉의 촬영지로도 유명하다.

③ **달기약수탕(달기약수닭백숙)** 조선조 철종 때 금부도사를 지냈던 권경하가 수로공사 중 바위틈에서 발견한 약수로, 위장이 약한 사람들이 애용하기 시작하면서 약수터로 개발되었다.

④ **신성계곡** 약 4km의 빼어난 절경과 맑은 물, 그리고 빽빽한 소나무 숲을 자랑한다. 특히 여름에 가족단위의 피서지로 더없이 좋은 곳이다.

⑤ **송소고택** 조선 영조 때 만석꾼이었던 심처대(沈處大)의 7대손 송소(松韶) 심호택(沈琥澤)이 호박골에서 조상의 본거지인 덕천동에 이거하면서 지은 고택으로 1880년경에 건립되었다.

맛집

달기약수터에 가면 닭백숙을 맛볼 수 있다. 서울어관식당(873-2177)에서는 닭과 찹쌀, 마늘, 달기약수를 넣고 참나무로 불을 때어 푹 고아낸다. 약수탕가든(874-1122)도 평이 괜찮은 닭백숙집이다. 주왕산 입구에서는 산채정식이나 비빔밥 등이 유명한데, 부산식당(873-9947)과 귀빈식당(873-1569) 등이 소문난 맛집이다.

숙소

주왕산온천관광호텔(874-7000~4), 주왕산가든(874-0088), 송월펜션(874-1881), 송소고택(873-0234) 등이 있다.

안(內)동네 부자들이 먹던
안동찜닭

우리 민족은 닭과 인연이 깊다. 《삼국사기》를 보면 신라의 시조 박혁거세가 알에서 태어났으며, 신라 4대 탈해왕 시절 김알지를 얻을 때 닭이 숲 속에서 울어 신라의 이름을 계림(鷄林)이라 했고, 이웃 나라에서 고구려를 계국(鷄國)이라 부르기도 했다. 가야시대 유물 중 달걀껍데기가 담긴 토기가 발견된 것 등으로 보아 삼국시대부터 닭을 사육하고 닭요리를 해 먹었다고 볼수 있다. 닭을 재료로 한 요리로 온 국민의 사랑을 받는 삼계탕이 있고 춘천에 닭갈비가 있고 대구에 닭똥집 골목이 있으며 안동에는 안동찜닭이 있다.

글·사진 | 이동미

삼계탕을 먹고 삼천궁녀를 거느린 의자왕

조상들은 복날뿐만 아니라 여름철이 되면 하루쯤 날을 잡아 가까운 사람들끼리 얼마씩 추렴해 산수가 좋은 곳을 찾아가 탁족을 즐긴 후 시원한 나무 밑에 둘러앉아 닭백숙이나 닭죽을 삶아 술을 곁들이며 하루를 즐겼다. 친근하면서도 보신용으로 으뜸인 것이 바로 닭이었다. 그런데 그냥 닭이라 좋았던 것이 아니라 우리나라 닭이 유난히 맛있고 영양이 좋다고 한다.

1596년 명나라 이시진이 엮은 약학서 본초강목 금부 권48에 "조선에는 꼬리가 3~4척 되는 긴꼬리닭(장미계, 長尾鷄)이 있는데 맛과 살이 다른 닭보다 뛰어나다"는 기록이 있다. 조선 중종 때 명나라 사신이 조선에 오면 정력에 좋은 '계관육'을 대접했는데, 아무리 언짢은 일이 있어도 입이 금방 함박만해졌다고 한다.

그래서일까? 전국 팔도에 닭고기 안 먹는 곳이 없는데, 닭요리의 으뜸은 역시 푹 곤 것이다. 형태는 다르지만 삼계탕, 영계백숙, 닭찜 등으로 요리되었다. 그중 안동 찜닭은 다른 지방과 달리 여러 가지 부재료가 많이 들어가는데, 그 유래는 이렇다. 14세기쯤 왜구가 몰려들자 안동에서는 읍내를 중심으로 성곽을 쌓았다. 돌로 성을 쌓으며 동서남북에 사대문을 내었고 동헌·객사·향청, 사직단·문묘를 갖추고 밖으로 해자를 두었다. 시간이 흐르면서 성 안쪽은 '안(內)동네'로 불리며 관아와 관련 있는 사람과 장사치 등 금전적인 여유가 있는 사람들이 살아 부촌으로 불리고 바깥 동네에는 서민들이 살았다. 성안에는 행사가 많고 사교모임과 집안일이 많았는데 부

촌인 안(內) 동네에서 특별한 날 해먹던 찜닭을 바깥 동네 사람
들이 '안(內)동네 찜닭'이라 불렀다 한다. 안동 시내를 걷다 보
면 이 같은 이야기의 흔적을 만날 수 있다. 지금도 안동읍성의
북문, 서문, 남문의 지명 흔적들이 남아 있고 남문동 거리를 지
나 구시장으로 들어가면 안동찜닭 골목이 있다. 그러나 아쉽게도
안동읍성은 1910년대에 일제에 의해 강제로 철거되어 성곽과 문들이
흔적도 없이 사라지고 동네 이름과 표지석만 남았다.

양을 늘리기 위해 부재료가 늘어난 안동찜닭

맛난 냄새에 이끌려 구시장 안동찜닭 골목에 발을 들이면 훅하며 달려드는 열기와
찜닭 볶아대는 소리가 군침을 돌게 한다. 이 중 30년째 안동찜닭을 만들어온 원조 안
동찜닭 본점(사장 임명자)을 통해 안동찜닭 얘기를 들어보자. 처음 자리를 잡은 건 '우
리통닭'이란 상호의 닭집이었다. 생닭을 통째 기름 솥에 넣어서 튀겨낸 '통닭'은 재래
시장의 인기 품목이었다. 당시 생닭 한 마리가 1,500원, 통닭이 2,500원이었다. 80년
대에는 안동에 36사단이 자리했으니 면회 가는 사람들에게 통닭은 필수였고 휴가 받
아오는 군인들도 너도나도 통닭을 찾았다. 36사단이 원주로 이전한 뒤에는 안동교육

대학과 상지대 학생들, 인근 고등학생과 방위병들이 그 자리를 대신했다. 이들은 시간 여유가 있어서 가게 안 자리에 앉아 닭볶음탕(닭도리탕)이나 찜닭을 시켜먹었다. 예전 중소도시 시장에는 닭골목이 있어 생닭, 닭튀김, 닭조림 등을 팔았다. 찜닭은 그 같은 음식 중의 하나이다.

여기서 잠시 정부인 안동 장씨가 딸들에게 남긴 음식조리서인《음식디미방》으로 거슬러 올라가 보자. 안동지방에 전해오는 찜닭은 자소(紫蘇, 차조기) 잎과 파, 염교, 생강, 후추, 산초가루를 양념하고 밀가루를 더해 밥보자기에 넣고 싸매 닭의 배에 넣고는 중탕하는 것이다. 아마 이것이 안(內) 동네 사람들이 먹던 안동찜닭일 가능성이 크다. 하지만 격식 있는 안(內) 동네 사람들과 달리 바쁜 시장, 특히 주머니 가벼운 사람들을 대상으로는 이렇게 만들 수가 없었다. 서민들이 원하는 것은 질보다는 양이었기에 당면을 넣고 감자를 넣고 야채를 넣어 양을 늘리면서 고춧가루로 빨갛고 먹음직스럽게 안동찜닭을 내었다. 그런데 어느 날 고춧가루가 지저분한 느낌이라 청양고추와 말린 건고추로 매운맛을 대신했다. 그

 안동찜닭 맛있게 먹는 법

안동찜닭은 넓은 접시에 가득 담겨 나오는 것으로 양이 푸짐하다. 주인아주머니가 권해주는 안동찜닭 맛있게 먹는 법은 가장 먼저 당면을 먹는 것이다. 당면이 퍼지기 전에 양념을 적당히 묻혀가며 먹고, 그다음 식기 전에 고기를 골라 먹는다. 그리고 야채를 먹으면 된다. 마지막으로 남은 국물양념에 밥을 넣고 비벼 먹으면 한 끼 식사로 부족함이 없다. 여기에 깍뚝 썰어 시원하게 절인 무와 시원한 사이다 한 병을 곁들이면 요즘 입맛에 딱 알맞다.

러다 보니 닭의 색이 하얗고 밍밍해 맛없어 보여서 중국식 춘장을 넣기도 하다가 간장+설탕+물엿으로 요즘처럼 짭짤하고 달콤하게 변화되었다. 간장 베이스의 찜닭 근원을 찾자면 안동의 제사상에 올리는 닭찜일 수도 있을 것이다. 간장을 베이스로 졸여서 올린다.

한때는 몰려드는 사람이 많아 이층 다락방이 인기였다. 한 사람이 겨우 올라갈 수 있을 만한 좁은 사다리를 타고 오르면 허리를 펼 수 없이 낮은 다락방에 테이블이 두세 개 놓여 있고 벽에는 낙서가 가득했다. 이 또한 학생들에게는 낭만적인 공간이라 인기가 대단했고, 짭짤하면서도 칼칼한 매운맛의 안동찜닭은 중독성이 있었다. 물론 영양적인 면도 빠뜨릴 수 없다. 닭은 단백질이 풍부하고, 감자, 당면, 양파, 말린 청양고추, 양배추, 당근, 마늘, 대파, 등 많은 재료가 들어가니 영양분을 골고루 섭취할 수 있다.

맛있는 레시피

| 안동찜닭 레시피 |

① 닭을 깨끗이 씻고 부재료를 준비한다. 모든 채소는 5~6cm로 큼지막하게 썬다.
② 솥에 물과 감자, 닭을 넣고 삶는다.
③ 간장과 설탕과 물엿 등이 들어간 양념을 붓고 끓이면서 저어준다.
④ 감자, 당근, 양파, 대파, 양배추 등 부재료를 넣는다. 계절에 따라 부추 시금치 오이 등으로 변화를 준다.
⑤ 야채를 넣고 마지막 시점에 당면을 넣는다.
⑥ 채소가 익고 물 양이 적당해질 때까지 끓인다.
⑦ 커다란 접시에 담아내면 완성.

안동찜닭을 만드느라 기다란 쇠국자를 휘젓던 손목이 시큰거릴 만큼이나 많은 사람들이 이곳을 찾았고 임명자 씨는 그만큼의 안동찜닭을 내었다. 이제 두 아들 내외가 모두 가게에 나와 돕고 있으니 가족과 함께 돌보는 가게와 안동찜닭을 즐기는 사람들이 어우러져 찜닭집은 즐거움의 터전이다.

원조안동찜닭 본점

구시장에 가면 안동찜닭 골목이 늘어서 있다. 현재 24집이 성업 중이다.

영가(854-3838), 대가(856-7888), 원조(855-8903), 위생(852-7411), 유진(854-6019), 현대(854-0137), 서울(855-1129), 우정(854-0507), 신세계(859-5484), 현진(854-6000), 본가(842-6655), 영광(854-6667), 서문(857-0092), 밀레니엄(855-5414), 평화(853-9998), 김대감(853-0449), 중앙(855-7272), 촌닭(841-7171), 단골(859-7797), 만나(843-9979), 강남(854-3791), 사대부(858-8856), 시골(856-9977), 신선(842-9989)

찾아가는 길

중앙고속도로 서안동IC → 34번 국도 → 천리고가교북단에서 시청 방면으로 좌회전 → 목성교(우측 방향) → 우회전(서동문로) → 안동구시장 찜닭골목

참고문헌

《본초강목》, 《원재을묘정리의궤》(1795년), 《규합총서》, 《본초강목》, 《동의보감》, 〈퓨전형 향토음식의 발명과 상품화〉(배영동, 2008년, 한국민속학회), 《음식디미방》 연계찜

마당극 한 편을 보는 듯한 맛
안동 건진국시

밥 다음으로 많이 먹는 음식은 무엇일까? 국수가 아닐까 싶다. 국수는 고려시대 이전부터 있었을 것으로 추측되는데 조선시대에 대중화되고 국수가 서민음식으로 정착한 것은 한국전쟁 이후로 보는 것이 일반적이다. 평안도 옥수수국수, 전라도 팥국수, 제주도 생선국수 같이 지역 특색을 담고 있는 국수는 특유의 요리법이 있는데 그 중 양반고장 안동에서 전해오는 안동국시도 독특한 매력이 있다.

글 · 사진 | 이동미

양반의 고장에 전하는 양반국수

안동 하회마을은 낙동강이 태극모양으로 마을을 끼고 돌아 아름다운 연꽃 한 송이를 보는 듯 아름다운 곳이다. 마을 전체가 중요민속자료로 지정되어 있을 만큼 전통이 살아 있으며, 그만큼 자랑거리도 많다. 산수의 풍취는 물론 탈춤을 포함한 문화, 서원을 포함한 학문 그리고 먹을거리가 전통과 독특함을 담고 있다. 특히 안동 헛제삿밥, 안동 식혜 등 다른 지방에는 없는 음식문화가 호기심을 자극하는데 그 중 하나가 안동국수다. 안동식대로 말하면 '안동국시'다. 어느 지방에나 국수가 있고 그 지역의 문화를 담고 있으니 안동국시는 안동의 문화를 담고 있다. 두 종류로 나눌 수있는데 간편히 분류하면 안동 건진국시는 양반국수이고 누름국시는 서민국수라 할수 있다.

토박이 어르신의 말에 따르면 안동국시는 탈춤 바닥에서 나왔다고 한다. 중요무형문화재 제69호로 지정되어 있는 하회 별신굿 탈놀이는 하회마을에서 옛날부터 거행해온 별신굿 의례의 일부분이다. 여러 개의 마당으로 이루어져 있는데 양반과 선비마당에 들어서면 한층 신랄해진 풍자가 보는 이의 속을 시원하게 한다. 탈놀이가 언로의 해방구 역할을 했다고는 하지만, 하회마을은 엄연히 엄격한 양반마을로 600년의 역사를 자랑하는 곳인데 양반을 풍자하는 수위가 대단하다. 안동 건진국시는 탈춤 마당에서 먹던 음식으로, 하층민들이 탈을 쓰고 양반의 허세를 풍자했던 놀이마당에서 비롯되었다 한다.

안동 건진국시는 탈춤 마당에서 먹던 음식으로
귀한 손님에게 내놓던 음식에 속했다.

어릴 적 추억을 담고 있는 추억의 먹을거리

안동지역의 독특한 음식을 선보이는 부숙 한정식에 가면 안동국시를 만날 수 있다. 보통 국수라 하면, 언제든지 부담 없이 간편하게 먹을 수 있는 음식으로 알려져 있다. 하지만 안동을 중심으로 한 경북지방에서는 귀한 손님에게 내놓던 음식에 속했다. 법도를 중시하는 안동에서는 가난한 양반집에도 손님이 끊이질 않았는데, 푸짐한 음식이 없어도 건진국시 정도는 대접하는 게 보통이었다고 한다. 길한 음식, 장수하는 음식이라는 의미를 지닌 까닭이다. 반면 누름국시는 농사꾼들에게 농사일의 새참으로 별미였다.

그럼 안동국시를 만들어 보자. 두 가지 모두 만드는 방법이 처음에는 비슷하다. 밀가루와 콩가루를 2대1의 비율로 섞는다. 예로부터 안동에서는 구수한 맛을 내는 콩가루 음식이 발달하였고, 국수 또한 예외가 아니었다. 콩가루를 섞으면 영양적인 면이 좋아짐은 물론이거니와 구수한 맛이 입에 착착 붙는다. 여기에 기름을 살짝 넣는다. 반죽할 때 손에 잘 붙지 않게 하기 위함이다. 반죽이 되면 두 시간 정도 숙성시켰다가 홍두깨로 반죽을 민다. 어려서부터 이상하게 밀가루가 좋았다는 부숙한정식 남창숙 사장의 익숙한 손놀림과 홍두깨질 모습은 요즘 흔히 볼 수 없는 광경이다. 친정 쪽 고조할머니가 국수를 좋아해 친정어머니가 국수를 자주 했는데, 바빠서 어머니가 잠시 자리를 비우면 그새 몰래몰래 만져보고 밀어보곤 했다는 것이다. 홍두깨

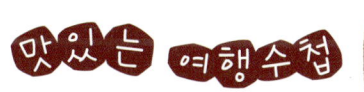 

🖊 안동국시 즐기기

쫄깃한 건진 국시와 구수하고 부드러운 누름국시는 안동 고유의 맛이다. 안동국시를 파는 일부 식당에서는 예전 유생들이 먹었던 것처럼 조밥과 반찬이 곁들여지기도 한다. 국수가 쉽게 소화되는 것을 감안해 안동국시와 함께 조밥을 내기도 했다. 제철나물에 상추와 배추 등의 쌈 채소, 풋고추, 멸치젓갈, 조선간장으로 만든 양념장, 쌈장, 그리고 고등어조림까지 나오는 푸짐한 상은 섬유소와 단백질, 비타민과 무기질까지 고루 섭취할 수 있어 한 끼 식사로도 손색이 없다.

질이 끝나면 반죽을 접어 칼로 썬다.

　여기서부터 삶는 방식에 따라 건진국시와 누름국시가 달라진다. 먼저 건진국시는 말 그 대로 '삶은 국수를 재빨리 찬물에 건져낸 국 수'라는 뜻이다. 건져서 말아놓은 면에 육수를 부으면 완성이 된다. 봉제사나 접빈객 때 면을 삶아서 건져두었다가 육수를 부어 빠르게 손님대 접을 했다. 서원이 많았던 안동에서는 유생들의 새참 으로도 국수가 애용되었다.

　육수로는 수중군자라 불리는 은어를 사용하기도 한다. 낙동강 700리를 거슬러 올라온 최상품의 은어를 싸리나무 통발과 명주실 그물로 낙동강 여울살에서 잡아 육수를 내 면 은은한 빛깔에 수박향이 난다. 닭을 푹 고아 고운 천으 로 걸러 사용하기도 하고 열구자나 전골 등의 국물에 간장 탄 물을 사용하기도 한다. 국수 면발에 육수를 엊고 계란

| 안동국시 레시피 |

1　밀가루와 콩가루를 2대 1로 섞고 기름을 조금 넣어 치댄다.
　　많이 치대야 매끄럽고 홍두깨질이 잘 된다.
2　반죽이 되면 잘 싸서 2시간 정도 숙성시킨다.
3　그 사이 건진국시의 육수로 쓸 닭을 손질해 강한 불로 푹 끓여 고운 천에 걸러낸다.
4　반죽을 홍두깨로 밀어 적당한 두께가 되면 썰어 면발을 준비한다.
5　건진국시는 면발을 삶아 건져놓았다가 육수를 붓고 오색 고명을 올린다.
6　누름국시는 면과 호박, 감자, 파 등을 한꺼번에 끓여 그릇에 담아낸다.
7　양념간장과 반찬을 곁들인다.

지단, 닭가슴살, 호박볶음 등 오색을 내면 안동 건진국시가 완성된다. 정갈하고 군더더기 없는 국수는 안동 양반네의 기품을 담고 있다.

건진국시가 양반네 음식이었다면 '안동 누름국시'는 서민들이 손쉽게 끓여 먹던 국수다. 끓는 멸치장국에다 뒤뜰에서 방금 따온 애호박 등을 썰어 함께 끓여낸다. 안동 건진국시와 누름국시를 시연해 보이는 남창숙 사장은 조옥화(경상북도 무형문화재 제12호 안동소주 기능보유자) 선생으로부터 안동 음식을 배우고 연구해왔다. 안동국시는 갑작스레 찾아온 손님에게 반찬 없이 내놓아도 격이 떨어지지 않았던 음식이다. 남사장이 차려주는 국수 한상에는 당귀 장아찌 무침, 북어 보푸라기, 우엉무침, 취나물 등 정갈한 반찬이 곁들여진다. 정성과 손님에 대한 예의, 섬김이 오롯이 담긴 귀한 음식이니 정갈한 마음으로 양념간장을 조금씩 얹으며 음미하는 것이 좋다.

 부숙한정식

주소 경북 안동시 목성동 38-8 **전화** 855-8898
영업시간 12:00~14:00, 18:00~20:00
안동 시청 앞쪽에 자리한 부숙(府淑)한정식은 이름 그대로 한정식집이다.
한정식 집에서 국수 요리가 다소 의외일 수도 있는데 고조리서 《수운잡방》 음식인
어화탕과 육면 등 코스 요리로 가득한 한정식 차림에 안동 건진국시가 들어 있다.
1만 5천 원~10만 원 하는 고급 음식상에 밥을 대신해 국수를 내놓으면서 안동지역
전통음식에 대한 자부심을 보여주는 곳이다.

 찾아가는 길
중앙고속도로 서안동IC → 천리고가교북단에서 좌회전 → 목성교에서 우회전 →
로터리에서 7시 방향 → 좌회전 → 시청 방향으로 좌회전 → 우회전 → 부숙한정식

 참고문헌
《고려도경》(1123년), 《시의전서》(19세기 말), 《노걸대》(고려 말),
《옹희잡지》(19세기 초)

맑고 정갈한 선비의 맛
안동소주

안동은 전통이 잘 보존된 고장이다. 물이 돌아나가는 하회마을이나 도산서원 등 빛나는 문화유산이 많은데 그중에서도 뿌리 깊은 안동소주는 안동을 대표하는 문화유산이라 할 수 있다. 한잔 안동 소주 속에 오랜 역사와 독특한 향취가 찰랑인다.

글 · 사진 | 이동미

맑고 깨끗했던 농암 선생의 별명은 소주도병

안동소주는 빛깔이 곱고 45도의 톡 쏘는 느낌이 정갈해 똑 부러진 선비를 연상케 한다. 맑은 술이라 맑은 기운을 가졌기에 곧잘 선비의 맑은 마음을 표현했다. 이에 얽힌 이야기가 하나 있다. 조선시대 문인인 농암 이현보에 관한 일화다. 세조 13년 안동 예안에서 태어난 농암은 맑고 깨끗한 벼슬아치의 본보기를 보인 대쪽 선비 그 자체였다. 벼슬에서 물러난 뒤에는 자연을 벗하며 시가 문학을 크게 일으킨 문인으로서 청렴한 삶을 살았다. 《조선명인전》에 의하면 그의 별명은 '소주도병(燒酒陶瓶, 소주 담은 질그릇)'이었다. 겉모습은 질그릇 병처럼 투박하지만 내면은 소주처럼 맑고 엄격하다는 뜻이다. 사헌부 시절 이현보의 인간 됨됨이를 흠모한 동료들이 지어 부른 별명으로 그의 청백리다운 꼿꼿함이 어떠했는지가 잘 드러난다.

이러한 소주는 맑은 인격을 다듬기 위해 사용되기도 하였다. 향음주례(鄕飮酒禮)는 조선 중기 유학자들이 즐긴 의례로 손님과 주인이 서로 마주하여 예를 다하면서 소주를 마셨는데, 소주를 마시고도 몸가짐이 흔들리거나 마음이 흐트러지는 것을 자제하면서 자신을 절제하는 것이 향음주례였다.

머리와 손과 혀가 기억하는 맛, 안동소주

이처럼 맑고 담백하고 은은한 향을 가진 안동소주는 오래두고 마실수록 부드러운 맛을 더한다. 이 맛은 조옥화 씨를 통해 그 명맥을 이어가고 있다. 조 씨는 1987년 경북무형문화재 제12호 안동소주 기능보유자로 지정되었고 2000년에는 농림수산식품부로부터 전통식품명인 제20호로 지정받았다.

조옥화 여사는 기억력과 손맛이 좋은 편이다. 유난히 많았던 손님치레와 소작농들 덕분에 많은 종류의 음식을 접해 기억하는 맛이 많다. 설·추석명절 때뿐만 아니라 신년회 송년회 등 크고 작은 손님 접대로 밤새 음식 만들 때가 허다했는데 음식 하는 일이 천성에 맞았는지 음식을 할 때면 더 없이 즐거워 절로 노래가 나왔다고 한다. 1999년 엘리자베스 영국 여왕이 하회마을을 찾았을 때 조 씨가 여왕의 생일상을 차린 것은 어찌 보면 당연한 일이었는지도 모른다.

그녀와 안동소주의 극적인 인연은 1982년으로 거슬러 올라간다. 당시 안동소주는 일제강점기와 해방 후 식량문제 등으로 더 이상 빚어지지 않고 있었다. 그러다 1986년 아시안게임과 1988년 서울올림픽을 앞두고 전통 민속주 개발의 필요성이 대두되어 정부는 전국에서 우리 술을 찾게 되었다. 수소문 끝에 안동시 담당 공무원이 조옥화 씨를 찾았다. 지난 행사에서 인기폭발이었던 동동주를 안동의 민속주로 만들자고 제안해온 것이었다. 그 때 문득 어릴 적부터

친정집에서 만들던 '소주'가 생각났다. 어린 시절 어머니께서는 애주가였던 아버지를 위해 소주를 만들었다. 솥뚜껑을 젖히고 양재기를 받친 뒤 불을 때면 신기하게도 맑은 증류주가 흘러나오는 걸 자주 보았다. 명맥이 끊어진 안동소주를 안동의 민속주로 만드는 것이 어떠냐고 물었고 공무원이 오히려 놀라며 만들 줄 아느냐고 되물었다. 이렇게 해서 조선시대 임금에게 진상됐던 안동소주를 재현해 안동소주는 경북 무형문화재로 지정되었다. 자칫 명맥이 끊어

질 뻔했던 안동소주가 1910년 한일합방 이후 80년만인 1990년부터 조옥화 여사에 의해 다시 이어지게 되었다.

안동소주는 통밀을 이용해 누룩을 만든다. 누룩은 술을 빚는데 아주 중요해 물과 배합 비율을 잘 맞춰야 한다. 건조실에서 20일 정도 자연발효시키는데 40℃ 이상 자체 발열하기 때문에 사우나처럼 뜨거워졌다가 온도가 낮아진다. 이 과정에서 누룩 균이 생성된다. 밥알 하나하나까지 잘 식혀 누룩가루와 물을 혼합해 항아리에서 3주 정도 발효시킨다. 발효가 끝나면 전술이 되는데 이 전술을 소줏고리로 증류하면 이슬 같은 안동소주가 흘러나온다. 처음 나온 술은 알코올 함량이 70% 정도지만 차츰 도수가 낮아진다. 완성품은 45%가 기준인데 향기가 은은하게 퍼져 입안을 개운하게 하며 담백하고 숙취가 없다. 현재 조옥화 여사의 며느리인 배경화 여사는 안동소주 기능보유자 후보로서 안동소주에 관한 연구로 석·박사 학위를 받았다. 아들 김연박 씨 역시 안동소주를 주제로 석사학위를 받았으며 안동소주전통음식박물관을 운영함으로써 안동소주의 홍보와 산업화에 이바지하고 있으니 고마울 따름이다.

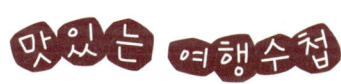 

✏️ 안동소주는 약

안동소주는 높은 알코올 도수로 인해 약용으로도 사용된다. 고려시대 김공은 친구가 독충에 해를 당하자 소주로 치료했다는 기록이 있고 조선시대 단종은 소주를 마시고 기운을 회복하였다는 기록이 남아 있다. 조선시대의 백과사전적 저서인 《지봉유설》에 소주는 약으로 쓰이기 때문에 많이 마시지 않고 작은 잔에 마셨고, 따라서 작은 잔을 소주잔이라고 부르게 되었다는 기록이 보인다. 민간에서는 안동소주를 상처, 배앓이, 식욕부진, 소화불량 등의 구급방으로도 활용한다. 소중한 약 한 병인 셈이다.

안동소주박물관

주소 경북 안동시 수상동 280 **전화** 858-4541

홈페이지 www.andongsoju.co.kr www.andongsoju.net

안동소주에 대한 궁금증을 풀고 싶다면 안동소주전통음식박물관(관장 김연박)을 찾으면 된다. 안동소주의 유래와 제조과정, 민속주의 종류, 술의 계보, 시대별 술병·술잔이 전시되어 있으며, 안동소주 시음장도 갖추고 있다. 입장료 무료.

 찾아가는 길

중앙고속도로 서안동IC → 34번 안동 방면으로 우회전 → 송현오거리에서 5번 영덕 방면으로 우회전 →
육사로에서 시청 방면으로 좌회전 → 영호대교 → 대구 방면으로 우회전 → 안동소주음식박물관

 참고문헌

《거가필용사류전집》, 《고려사》, 《본초강목》, 《조선명인전》
〈안동소주의 전래과정에 관한 문헌적 고찰〉(배경화, 2000년, 안동대 석사학위),
〈민속주 안동소주 발효의 양조학적 특성 및 자가 누룩제조의 최적화〉
(배경화, 2008년, 안동대 박사학위),
〈향토지연산업육성방안에 관한 연구: 민속주 안동소주를 중심으로〉
(김연박, 2008년, 안동대 석사학위)

| 안동소주 레시피 |

① 생밀을 씻어 말린 다음 적당히 파쇄한다. 여기에 물을 넣고 손으로 버무려 골고루 혼합한다.

② 모시 보자기를 깐 원형의 누룩 틀에 재료를 넣고 성형한다. 누룩을 꺼내 20일 정도 띄운 다음 콩알
정도 크기로 파쇄한 후 건조시켜서 누룩 냄새가 나지 않도록 하룻밤 이슬을 맞힌다.

③ 쌀을 잘 씻어 물에 불린 뒤 시루에 쪄 고두밥을 만든다. 멍석을 깔고 고두밥을 넓게 펴서 식힌다.

④ 고두밥과 분쇄된 누룩을 손으로 버무려가면서 적량의 물을 가해 혼합한 뒤 술독에 넣고, 약 15일 이
상 자연발효시킨다.

⑤ 발효된 전술을 솥에 넣고 소줏고리와 냉각기를 얹고 불을 지펴서 열을 가하면 전술이 증발되며, 소
줏고리 관을 통해 증류식 소주가 흘러나온다.

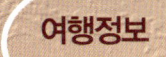

추천여행코스

부용대 ⇨ 병산서원 ⇨ 하회동탈박물관 ⇨ 봉정사 ⇨
안동소주박물관 ⇨ KBS드라마촬영장 관람 및 월영교

여행정보

① **부용대** 안동 하회마을의 서북쪽 강 건너 광덕리 소나무 숲 옆
에 있는 해발 64m의 절벽이다. 부용대 정상에 서면 하회마을
전체를 조망할 수 있다.

② **병산서원** 조선 선조 때의 재상 유성룡을 향사한 서원으로 사
적 제260호로 지정되어 있다. 1863년(철종 14)'병산'이라는
사액을 받아 사액사원으로 승격되었다.

③ **하회동탈박물관** 중요무형문화재 제69호로 지정된 하회별신
굿탈놀이 이수자 및 탈 제작자인 김동표 관장이 세운 탈 전
문박물관으로, 한국탈과 외국탈이 전시되어 있다. 한국 탈 19
종 300점, 35개국의 외국 탈 500점 등 2천 점이 넘는 탈을
소장하고 있다. 박과 나무, 한지를 이용해 탈을 만드는 과정
을 순서대로 보여주는 코너가 마련되었으며, 하회별신굿탈놀
이에 등장하는 선비, 부네, 백정의 밀랍인형과 다양한 소품들
도 구경할 수 있다.

④ **봉정사** 신라 문무왕 12년(672) 의상대사의 제자인 능인대사
가 창건한 사찰이다. 한국에서 가장 오래된 목조건물인 극
락전이 있다.

⑤ **월영교(안동 건진국시)** 안동시 성곡동에 자리한 월영교는 한
국에서 가장 긴 목책교(길이 387m, 폭 3.6m)로 다리를 건너
면 안동민속박물관과 더불어 KBS드라마촬영장으로 쓰이는
초가집과 사대부집, 해상 촬영장이 있다.

맛집

안동댐 월영교 부근의 까치구멍
집(821-1056, 헛제삿밥), 옥류정
(854-8844, 헛제삿밥)이 이름나
있고 터주대감(853-7800, 간고
등어), 양반밥상(855-9900, 안
동 간고등어)도 추천할 만하다.
그 외 풍산이장한우식당(858-
2043, 안동한우 전문)과 구시장
안에 있는 중앙통닭(855-7272,
안동찜닭)도 맛있는 집이다.

숙소

임청각(853-3455 www.imch
eonggak.com), 안동하회마을
(852-3588 www.hahoe.or.kr),
농암종택(843-1202, www.non-
gam.com), 수애당(822-6661
www.suaedang.co.kr), 지례예
술촌(852-1913, www.chirye.
com) 등이 있다.

자연산 보약 한 재
송이돌솥밥

서늘한 가을바람이 불어오면 미식가들의 코끝이 민감해진다. 송이 때문이다. 전해오는 속요에 '쌀보리는 그 열매를 치고 매화 국화는 그 꽃으로 치는데, 송이는 열매도 꽃도 아닌 것이 깊은 산중 안개 속에 솔잎으로 몸을 가려 드러내지 않고도 그 향은 수십 리 밖에 떨친다'고 했다. 먹으면 그 향이 살갗으로 스며 나오고 청렴결백 마음까지 희어진다고 했다. 또 오래 먹으면 불로 장수하여 신선이 되는 신선초로 알려져 있다. 가을철 봉화 땅 곳곳에서 송이가 머리를 내미니 가슴이 쿵쾅거린다.

글 · 사진 | 이동미

선조들의 무한한 송이 사랑, 송이 예찬가

소나무의 한자인 송(松)은 귀한(公) 나무(木)라는 뜻이다. 소나무가 귀한 대접을 받는 것은 목재의 쓰임새가 다양했고 장수를 상징할 만큼 오래 살기 때문이기도 하지만 '송이버섯의 둥지'인 탓도 크다. '버섯의 귀족'으로 불리는 송이는 소나무가 있어야만 자랄 수 있는데, 탁월한 향과 맛으로 예로부터 '자연이 내린 선채(仙菜)'라거나 '산속의 진미식품'으로 통했다.

송이를 귀히 여긴 이야기는 많이 있다. 매월당 김시습 선생이 우리나라의 명산을 눌러보며 유람을 하다 송이를 맛보았는데 그 감흥이 상당했던지 송이를 예친한 글을 남겼다.

고운 몸은 아직도 송화 향기 띠고 있네.
희고 짜게 볶아내니 빛과 맛도 아름다워
먹자마자 이가 시원한 것 깨닫겠네.
말려서 다래끼에 담갔다가
가을되면 노구솥에 푹푹 쪄서 맛보리다.

고려 말 유학자인 목은 이색 역시 '목은집'에 '주필사민지후혜송용(走筆謝閔祗侯惠松茸)'이란 제목의 글을 남겼으니, 추석을 앞두고 송이버섯을 보내준 친구에게 고

맙다는 내용의 편지다.

송산(松山) 부는 바람 내린 이슬아 정녕 중추(中秋) 가까운가 보구나
붉은 옥(玉)의 진액 좋은 모양 이루어 흘러갈 듯 매끄럽구려
늙어 병든 몸 입맛을 잃지 않아 나 스님을 찾아 고상(高尚)히 지내고저.

보내준 송이를 가지고 스님을 찾아뵙겠다는 내용으로 보아 당시에도 송이가 매우 귀했음을 알 수 있다. 고려시대 문인 이인로의 《파한집》에 송이는 소나무와 함께하고 복령의 향기를 가진 송지(松芝)라고 기술했고, 《삼국사기》에 신라시대 성덕왕 3년(서기 709년)에 송이를 왕에게 진상했다는 기록이 있는 것으로 보아 송이버섯의 역사가 꽤 오래됐음을 알 수 있다.

고라애기송이로 짓는 봉화송이돌솥밥

송이에 대해 더 말해 무엇하랴. 한반도 금수강산 땅 좋은 곳에서 송이가 자라니 그 중 한곳이 봉화다. 《조선왕조실록》 《세종실록지리지》 《신증동국여지승람》 《교남지》 《여지도서》 등 옛 문헌에도 공물 및 토산품으로 봉화 송이가 생산되었다는 기록이 남

아 있다. 봉화 송이는 성질이 평하여 맛이 달고 독이 없으며, 소나무 밑에서 솔 기운을 받으며 돋는 것으로 매우 향기롭고 솔 냄새가 많이 난다. 전국 생산량의 약 12% 정도를 차지하는 봉화 송이가 사랑받는 데에는 특별한 이유가 있다. 백두대간의 중심부인 태백산 끝자락, 마사토 성분이 강한 땅에서 자라기 때문이다. 그 가운데서도 봉화 지역 춘양목 뿌리에서 자란 봉화 송이를 으뜸으로 꼽는다. 수분 함량이 적어 육질이 단단하므로 쫄깃한 맛과 깊은 솔 향기를 오래도록 즐길 수 있으며 다른 지역 버섯에 비해 보관 기간이 길다.

이러한 봉화 송이를 요리하는 송이요릿집이 봉화에는 많다. 이중 한곳인 솔봉이식당을 찾았다. 전골, 구이, 샤브샤브, 전, 불고기, 갈비, 닭죽, 장아찌 등 송이로 못하는 요리가 없지만 가장 기본이 되는 밥이 특히 맛있는 집이다.

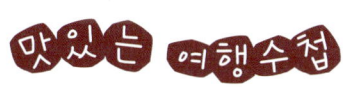

✏️ 송이돌솥밥 제대로 즐기기

송이돌솥밥을 먹을 때는 위에 얹어진 송이부터 맛본다. 젓가락으로 살짝 들어 송이 소스에 찍어 눈을 지그시 감고 천천히 씹어 본다. 송이는 향으로 한번 먹고 입으로 한번 먹는 음식이다. 이후 돌솥밥의 밥을 대접에 덜어놓고 돌솥에 물을 부어 나중에 숭늉을 만들어 먹는다. 송이돌솥밥은 누룽지에도 송이 향이 배어 구수한 맛이 입안에 남는다.

먼저 쌀을 씻어 안치는데 멥쌀에 찹쌀을 섞는다. 일반 멥쌀만으로는 윤기와 찰기가 없기 때문인데, 물이 많은 논에서 난 쌀과 찰기가 있는 좋은 쌀을 엄선해 함께 사용한다. 이를 1인용 돌솥에 넣고 은행, 완두콩, 대추, 밤, 서리태, 감자, 당근 등 몸에 좋은 것들을 더하니 영양돌솥밥이 부럽지 않다. 송이는 밥을 다 하고 마지막 순간에 푸짐히 얹는다.

나온 밥을 보니 비싼 송이를 이렇게 많이 얹어도 될까 문득 걱정이 될 정도다. 송이는 상태에 따라 여러 등급으로 나뉘는데 가장 좋다는 1등급은 7~8cm로 갓이 피지 않은 것을 말한다. 이 집에서는 고라애기송이를 사용하는데 4~5cm 길이의 피지 않은 어린 송이다. 돌솥에 들어가기에 적당한 크기로, 입에 부드럽고 영양상태가 좋으며 에너지가 응축된 좋은 상태의 송이다. 가을철 송이가 많이 날 때 대량 구입해 급속 냉동시켜 일 년 내내 사용한다.

음식을 만드는 내내 솔봉이식당 주인 박성미 씨의 얼굴에는 미소가 떠나질 않는다. 처음 맛본 송이 맛이 떠올라서라고 한다. 박성미 씨가 처음 맛본 송이는 새색시 때 시아버지가 봉화산 자락에서 직접 따다 주신 것. 며느리를 주려고 눈독을 들이고 있었는데 그만 시기를 놓쳐 갓이 피어버렸다. 그래도 쪽쪽 찢어 기름소금에 찍어 먹었

| 송이돌솥밥 레시피 |

① 찹쌀과 멥쌀을 2:8의 비율로 섞어 2시간 정도 불린다.

② 돌솥에 1인분 분량을 넣고 위에 대추, 감자, 당근, 밤, 서리태, 완두 등 여러 가지 부재료를 얹는다.

③ 20분 정도 밥을 짓는다. 이때 뚜껑을 열고 끓이다가 뜸을 들일 때는 뚜껑을 닫는다.

④ 상으로 나가기 1~2분 전에 송송 썬 송이를 빙 둘러 얹고 뚜껑을 닫아 내간다.

더니 너무 맛있었다고 한다. 강력한 소화효소는 물론 비타민 B1, B2, D가 많고 지방 함량은 적은 반면 콜레스테롤을 감소시켜주는 성분이 있어 성인병 예방에 좋다. 특히 송이에는 위암과 직장암의 발생을 억제하는 크리스틴이라는 항암성분이 함유되어 있어 종양 저지율이 91.8%에 이른다는 보고도 있다. 송이를 먹는 것은 보약을 먹는 것과 같다고 할 수 있다.

 솔봉이식당

주소 경북 봉화읍 내성리 232-11번지
전화 673-1090
영업시간 09:00~21:00
홈페이지 www.cityfood.co.kr/h1/solbonge
솔봉이식당에는 방금 지어 맛난 송이돌솥밥은 물론
송이전, 송이전골 등 메뉴가 다양하고 하나같이 맛이 좋다.
후식으로 나오는 시원한 **송**이차 역시 그윽한 **송**이향이 일품이다.
곁들여 나오는 반찬은 주인인 박성미 씨가 유기농 재배한 것으로 돌나물, 당귀무침,
가지무침, 참비름나물, 우엉조림 등 모두 정갈하고 맛나다. 송이는 향이 은은하기에
곁들이는 반찬에는 마늘을 넣지 않는다. 마늘향이 강해 송이향을 누르기 때문인데,
마늘을 넣지 않아도 반찬들이 맛나다.

 찾아가는 길

중앙고속도로 풍기IC → 931번 지방도 → 봉현교차로에서 좌회전
→ 신전교차로에서 좌회전 → 서천교사거리에서 우회전 → 고가도로
→ 봉화 방면으로 좌회전 → 상망교차로에서 우회전 → 915번 중앙로
→ 봉화교차로에서 좌회전 → 내성천1길 → 솔봉이식당

 참고문헌

《목은집》〈주필사민지후혜송용(走筆謝閔祗侯惠松茸)〉,《조선왕조실록》,
《세종실록지리지》(1453년),《동국여지승람》(1481년),
《신증동국여지승람》(1530년),《동의보감》

신선들이 마시던 술
봉화선주

술은 빚는 사람의 마음이나 재료에 따라 그 향과 맛이 다르고, 술을 빚을 때의 날씨와 상황에 따라서도 술맛이 달라진다. 또한 어떠한 사람과 어떤 분위기에서 술을 마시는가도 술맛을 좌우하는 요인이다. 여기 오가피를 넣어 만든 독특한 술이 있으니 인간을 신선이 되게 하는 신비의 술이다. 조선시대부터 봉화 땅에 전해 내려오는 신선들의 술, 봉화 선주를 만나보자.

글 · 사진 | 이동미

공복에 술 석 잔, 신선이 되다

청량산 자락에 자리한 경북 봉화는 산과 물이 서로 배려하며 노래하듯 그렇게 어우러지는 고장이다. 물 좋은 곳에는 차가 유명하고 또 술이 유명하다. 봉화 땅 역시 명주가 하나 있으니 해헌고택(海軒古宅)의 '봉화선주'다.

우선 조선시대 봉화 땅에서 벌어졌던 시회(詩會) 한 자리를 엿보자. 때는 조선조 말 꽃피는 춘삼월, 봉화 땅에서도 가장 경치가 좋은 낙동강변 강림대에 시회 통문을 받은 인근 선비들이 모여들었다. 안동 김씨 댁 해헌 선생이 봄가을로 벌이는 시회에는 시인묵객들로 북적였다. 드디어 시회가 시작되었다. 그런데 이런 자리에 어찌 술이 빠질 수 있을까. 시회를 열 때마다 김씨 댁 가양주가 등장한다. 운자를 받아든 어느 선비가 일단 공복에 술 석 잔을 들이켠다. 속이 짜르르르하다. 잠시 눈을 감고 생각을 하다 일필휘지로 시 한 수를 토해낸다. 각자 시 한 수씩을 짓고 나니 벌써 두 식경이 지났다. 술이 깨고 나서 들여다보니 기막힌 명시인지라 스스로도 놀라 어쩔 줄을 몰라 한다. "아! 이건 내 글이 아니야. 아마도 신선이 다녀가며 시를 남겨 놓았나 보다. 아니 이 집 가양주 덕이니 신선 중에서도 주선(酒仙)인가보다"라며 감탄사를 연발했다. 이후 이 댁 가양주는 신선들이 마시는 술이라는 뜻의 '선주(仙酒)'라는 이름이 붙었다.

이는 그저 이야기만은 아니다. 해헌 김석규 선생은 실존인물로 안동 김씨 태사공의 25대손이다. 조선조 말 선비로서 두 형과 함께 과거준비를 하던 중 경술국치를 당하자 뜻을 접고 봉화 땅으로 내려와 비분강개의 심정을 시문으로 달랬다. 더불어 봄가을로 시회를 열어 인근 선비들과 함께 나라의 운명을 탄하며 시로써 그 울분을 풀었던 것이다. 일제는 이를 못마땅하게 여겨 일부러 시회를 방해하기도 했으니 선비들은 반발심에 더욱 시회를 아꼈다 한다.

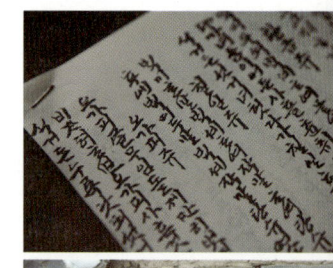

오고 가는 접빈객을 대하던
김의동 씨 댁의 가양주

해헌고택은 2수(운곡천, 낙동강) 3강(문수산, 태백산, 일월산)이 감싸 안은 명당이며 안동, 춘양, 울진, 태백 등으로 통하는 길목이었기에 고을에 발령받은 수령부터 벼슬아치, 선비들의 발길이 끊이지 않았다. 그뿐 아니라 갓바치, 멍석장, 초혜장, 소금장수, 옹기장수, 풍수쟁이, 점쟁이, 술사 등 각계각층의 사람들이 해헌고택에 머물렀다. 지나는 과객이 많았으니 조선시대 양반가에서 접빈객용으로 음식과 함께 내던 가양주가 있었음은 물론인데, 이 댁의 가양주가 바로 봉화선주다.

봉화선주의 주재료는 오가피다. 청량산, 태백산, 소백산 일대에 야생 오가피가 많았기 때문이다. 집안 대대로 전해오는 잡기장(雜記帳, 여러 가지 잡다한 내용을 적어놓은 책)에 '선주'에 대한 대목이 나온다. 오른쪽 상단에 '선주'라 적혀 있고 왼쪽으로 오가피를 비롯해 선주에 들어가는 여러 가지 재료들이 기록되어 있다.

선주 만드는 법은 안동소주와 비슷하다. 쌀을 씻어 누룩과 함께 숙성 증류시키는데 오가피 끓인 물을 용수로 사용한다. 다단계 증류방식으로 뽑아낸 원주는 75~80도 정도 되는데 여기에 다시 오가피, 계피, 송순, 주목 등을 넣고 30

일 이상 침출한 후 저장 탱크에서 60일 정도 숙성시킨다. 이를 여과기로 여과해 꿀 등의 감미료가 더해지니 손이 많이 가고 시간도 많이 드는 술이다. 입안에 넣으면 40도의 톡 쏘는 강렬함에 정신이 혼미한 듯하면서도 맑아진다. 자연의 색과 맛과 향을 그대로 담아 오랫동안 입안에 남는 정갈하면서도 아늑한 맛을 어찌 표현할까. 여기서 잠시 봉화 선주를 빚고 있는 김세형 씨의 시 환음선주가(歡飮仙酒歌)를 감상해보자.

청량산의 오가피를 캐어(淸凉山採五加皮)
누룩과 쌀로 낙동강 가에서 술을 빚어(麴米春釀洛水涯)
옛 비방대로 오늘에 살리니 또한 별미라(劑古宜今兼別味)
한 병의 명주가 신선으로 인도하네(一壺酩酒導仙爲)

봉화선주가 만들어지는 고풍스러운 해헌고택 입구에는 청량산 소백산 등지에서 캐온 야생 오가피가 5천 평 규모로 자라고 있다. 토종 오가피로 인삼과 같은 두릅나뭇과에 속하는데 인삼은 뿌리를 먹는 것으로 개개인의 체질에 따라 맞지 않는 사람도 있지만, 오가피는 껍질 열매 등을 먹는 것으로 누구에게나 잘 맞는다. 허리디스크, 골다공증, 퇴행성관절염 등 오가피가 근골을 튼튼히 하고 노화를 지연시키는 불로장생 초라는 것은 이미 많이 알려져 있다. 봉화선주는 현재 해헌 선생의 4대손인 김

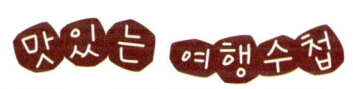 

봉화선주 제대로 즐기기

해헌고택에 들어서면 왼쪽으로 봉화선주를 만드는 공간이 있고 오른쪽으로 사랑채가 자리한다. 안채로 넘어가는 담벼락에는 잘 말린 오가피 열매가 알알이 망태에 담겨 걸려 있고 안마당 우물가엔 포도넝쿨이 한창이다. 봉화선주와 고택을 소중히 여기는 사람들을 위해 기존의 방들을 고택스테이 체험공간으로 만들어 두었다. 고전강좌, 서예 강좌, 명학 강의 등이 진행된다. 이곳에 하루 머물며 봉화선주 제조과정을 들어보고 함께 음미하는 것이 봉화선주를 제대로 느끼는 방법이다.

의동 씨와 5대손인 김세형 씨가 그 명맥을 잇고 있다. 봉화의 맑은 기운을 몸에 담고 봉화선주를 만드는 사람이라 그런지 김의동 씨는 30년간 생식을 하였다. 생쌀가루, 솔잎가루, 곡식가루 등을 오가피 물에 타서 마시는 것으로 화기(火氣)를 가까이한 음식은 입에 대지 않았다. 흰 수염이 멋진 어르신은 마치 신선 같은 외모를 하고 있다. 또 하나, 봉화선주에 어울리는 안주 역시 생닭회로 신선들의 음식이다. 독주는 보통 기름진 음식과 어울리는데 이상하게 봉화선주는 담백한 맛이 어울린다. 생선회는 비린내가 느껴져 맞지 않고 제대로 피를 뺀 생닭회가 봉화선주와 맞아떨어지니 신선의 술임을 다시 한 번 일깨워준다.

봉화선주
주소 봉화군 명호면 도천리 265 **전화** 672-1007 **홈페이지** www.sunzu.co.kr
봉화선주는 200~300년 전통을 자랑하는 김의동 가의 가양주이자 봉화의 명주다. 해헌고택을 방문해 구입할 수도 있고 인터넷을 통해 주문할 수도 있다.

찾아가는 길
중앙고속도로 풍기IC → 풍기에서 봉화 방면 → 봉현교차로에서 영주 방향으로 좌회전 → 선비로 서천교사거리에서 우회전 → 구성로 고가도로 → 광복로에서 시의회 방향으로 좌회전 → 금봉교차로에서 봉성 방향으로 우회전 → 매호로 도천삼거리에서 우회전 → 양지마을길

참고문헌
해헌고택에 전해오는 잡기장, 《음식디미방》 오가피주 편, 《한림별곡》, 《임원십육지》 의주제법, 《제왕운기》 재제주류 편

| 봉화선주 레시피 |

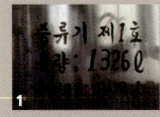    

1. 쌀을 씻어 발효조에 담아 누룩과 함께 숙성·증류시켜 주모(밑술)를 만든다.
2. 다시 백미와 누룩을 이용, 밑술에 양을 늘려 1단 사입을 한다.
3. 또다시 백미와 누룩, 오가피와 달인 물을 이용, 2단 사입을 한다.
4. 제조한 원액을 침출조에 넣고 30일간 침출해 저장탱크에서 60일 이상 저장한다.
5. 원료주류와 원액에 물과 꿀을 넣고 혼화하면 봉화선주가 완성된다.

추천여행코스

봉화송이돌솥밥 ⇨ 닭실마을 ⇨ 서벽 금강송 군락지 ⇨
석천정사 ⇨ 봉화약한우 ⇨ 만산고택 ⇨ 봉화선주 ⇨ 청량산

여행정보

① **닭실마을(봉화송이돌솥밥)** 조선 중종 때 재상 충재 권벌의 종택이 터를 잡은 명당으로 500여 년을 이어온 한과가 유명하다.

② **서벽 금강송 군락지** 경북 봉화군 춘양면 서벽리에 자리한 소나무 군락지로 이른바 '춘양목'으로 불리는 금강송이 위엄을 자랑한다.

③ **석천정사** 봉화읍 유곡리 마을 앞을 흐르는 석천계곡에 있는 정자로 조선 중기 문신 권동보가 1535년(중종 30)에 조성하였다.

④ **봉화약한우** 당귀 등 5종의 약초와 산야초를 이용한 한우 고급육 생산 프로그램으로 사육한 소이다. 불포화지방산이 일반 한우보다 높아 동맥경화 예방에 효과가 있다.

⑤ **만산고택(봉화선주)** 춘양면 의양리에 있는 조선시대의 가옥이다. 1878년(고종 15) 만산 강용(1846~1934)이 건립한 집으로 현재 경북민속자료 제121호로 지정되어 있다.

⑥ **청량산** 높이 870m로, 태백산맥의 줄기인 중앙산맥에 솟아 있다. 산 아래로 낙동강이 흐르고 산세가 수려하여 예로부터 소금강이라 불렸다. 청량산은 첩첩산중 육육봉이 청량사를 연꽃처럼 둘러싸고 있어 풍경이 일품이다. 또한 여름이면 운무가 산을 휘감고, 가을이면 단풍이 청량산을 수놓는다.

맛집

봉화는 약한우가 유명하니 봉화한약우 본점(672-1091) 등지에서 맛난 한우를 즐길 수 있다. 봉성면사무소 인근은 봉성돼지 숯불요리단지로 오시오식육식당(672-9012) 등에서 소나무 숯과 솔잎, 돼지고기가 어우러져 기막힌 돼지고기 구이를 한다.

숙소

해헌고택(672-1007), 성암고택(권진사댁, 672-6118), 승지산장 펜션(674-0081), 궁전파크모텔(674-0300), 신라장(673-2049) 등이 있다.

어머니의 그 맛은 향수가 되어
영주 묵밥

아무 곳에서나 잘 자라는 메밀은 겨울철 먹을 것이 부족할 때 요긴한 식량이었다. 특별히 관리하지 않아도 쉽게 얻을 수 있었기에 우리네 어머니들은 메밀로 묵을 쑤고 국수를 만들어 아이들을 먹였다. 영주 사람들에게도 메밀은 주변에서 쉽게 구할 수 있는 작물이었고, 겨울이면 동네 사랑방에 모여 묵밥을 만들어 먹곤 했다. 이제 그 묵밥은 추억이 되고 향수가 되어 다시 찾는 음식이 되었다. 영주에 묵밥을 먹으러 오는 손님 대부분은 그런 추억을 더듬어 찾아와 옛 맛을 떠올린다.

글·사진 | 윤규식

가뭄이 들어도, 땅이 거칠어도 잘만 자라는 메밀

B.C. 8세기경 중국으로부터 전파된 것으로 알려진 메밀은 질긴 생명력과 짧은 생육기간으로 민초들의 굶주린 배를 채워주는 고마운 작물이었다. 메밀은 분류학상 곡류에 속하지 않으나 열매의 성질과 용도가 곡류와 비슷해 식품학적으로는 편의상 곡류로 취급한다. 예부터 메밀을 이용해 국수, 묵, 죽, 전 등을 만들어 먹었으며, 메밀 껍질은 베갯속으로도 사용했다.

메밀은 또 인체에도 유익해 그 속에 토코페롤, 페놀산, 플라보노이드 등 항산화물질이 다량 함유된 것으로 알려져 있다. 또한 당뇨나 혈압강화작용을 하는 루틴을 다량 함유하고 있어 건강기능식품으로 주목을 받고 있다. 루틴은 뇌출혈, 망막출혈 등의 예방과 치료에 주로 이용된다. 한의서에 따르면 메밀은 장과 위를 튼튼하게 하고 기력을 보하며 정신을 맑게 하고 오장의 부패물을 제거한다. 결국 이 역시 루틴과 관계가 있는 것으로 알려지고 있다.

하지만 정작 메밀이 사람들에게 친근한 진짜 이유는 다른 데 있다. 먹을 것이 부족하던 시절 주식이자 간식으로서 늘 곁에 있던 음식이기 때문이다. 지금이야 쌀은 물론 온갖 주전부리가 넘쳐나지만, 몇십 년 전에만 해도 끼니를 때우기조차 쉽지 않은 때가 있었다. 그 시절 메밀묵은 간장에 찍어먹기만 해도 즐거운 음식이었다.

이렇듯 메밀은 민초들의 삶의 애환을 고스란히 함께한 추억과 향수의 음식이다. 그래서 지금도 영주의 묵밥집을 찾는 사람들은 대부분 나이가 지긋한 어르신들이다.

하지만 아이들은 어른들의 그 맛을 잘 모른다. 수학여행 온 학생들이 한 번씩 맛보고 가지만 반응은 시큰둥하다. 사실 아무 맛도 나지 않는 메밀묵에 참기름 넣고 김치와 버무린 묵밥이 요즘 아이들 입맛에 맞을 리 없다. 섭섭한 마음이 앞서지만 녀석들이 더 크면 또 다른 이유로 옛 음식의 소중함을 깨닫게 되리라 믿는다.

묵밥과 더불어 50년, 한결같은 메밀 사랑

정옥분 여사가 묵밥을 만들기 시작한 것은 50년 전으로 거슬러 올라간다. 처음부터 팔기 위해 묵밥을 만든 것은 아니었다. 겨울철 일감이 없어지면 두무나 메밀묵을 만들어 나눠 먹었고, 동네 사람들은 사랑방 드나들듯 정옥분 여사 댁을 출입했다. 정식으로 허가를 내지도 않았다. 그저 장날 때면 조금씩 내다 파는 정도였다.

그러나 점차 입소문이 나기 시작하여 찾는 사람이 끊이지 않았다. 무허가 영업을 단속해야 할 공무원들이 찾아와 맛을 보고는 빨리 허가를 내 편하게 장사하라고 권유할 정도였다. 20여 년 전부터는 신문이나 TV를 통해 더욱 알려지며 전국 각지에서

손님이 찾아오는 명소가 됐다. 옛날 묵밥을 맛보고자 찾아드는 단골은 제주도는 물론이고 미국, 일본 등 국내외를 막론한다. 사정이 이렇다보니 본디 겨울철에 먹어 겨울에 성수기인 묵밥이 지금은 사시사철 모두 성수기다.

순흥전통묵집은 현재 정 여사의 대를 이어 차남 황기준 씨가 경영하고 있다. 그가 전하는 묵밥의 매력은 시대상과 맞물려 있다. 가진 사람들보다는 없는 사람들에게 사랑받은 음식이었던 덕에, 과거 어려운 시절의 기억이 많은 사람일수록 더 찾는다는 것이다. 그 속에는 어머니와 할머니에 대한 아련한 그리움 또한 숨어 있다. 그래서 더욱 전통방식을 버리지 못한다.

필자가 묵집을 찾은 그날도 푹푹 찌는 무더위로 숨이 막힐 지경이었지만 정옥분 여사와 황기준 씨는 연신 땀을 훔쳐내며 가마솥의 메밀을 휘휘 젓고 있었다. 탁탁 소리를 내며 타는 장작불과 뜨겁게 달구어진 가마솥. 가만 서 있어도 땀이 줄줄 나는 그곳에서 두 모자가 메밀묵을 만들어오

🖌️ 묵밥 제대로 즐기기

순흥전통묵집에서는 간장, 고추장, 된장 등을 직접 담그기 때문에 전통의 맛이 더하다. 묵이 식어 꾸덕꾸덕해진 윗부분을 떼어낸 묵껍질은 특별한 용도가 없어 버려지기도 하는데 이를 달라고 해서 간장에 찍어 먹어도 별미다. 메밀묵은 특히 무와 궁합이 잘 맞는다. 묵밥에 곁들여 나오는 무김치와 함께 먹으면 맛도 맛이지만 메밀이 갖고 있는 약간의 유해성분을 희석시킬 수 있다. 청양고추를 더 넣어 맵게 먹을 수도 있으며, 아이들의 경우 미리 파, 고추를 빼달라고 하면 맵지 않게 먹을 수 있다.

고 있다.

메밀묵 자체는 별다른 맛이 없다. 그럼에도 굳이 맛을 표현하자면 은근함이라고 할까? 이런 메밀묵을 황기준 씨는 기계 속 보이지 않는 작은 부품이나 물에 비유한다. 물이 없으면 살 수 없는 것처럼, 우리에게 없으면 안 될 음식이라는 것이다. 자극적이고 톡 쏘는 맛이 있다거나 화려하거나 하진 않지만 투박한 듯 소박한 그 맛이 메밀묵의 진짜 매력이다. 이런 이유 때문에 진짜 메밀묵을 즐기는 사람들은 썰지 않은 통묵 그대로를 주문하기도 한다.

순흥전통묵집은 오로지 묵밥만을 식탁에 올린다. 예약을 하면 전이나 접시 묵 정도를 대접하지만 정식 메뉴는 묵밥뿐이다. 전통방식을 고수하다 보니 다른 메뉴까지 준비할 여력이 없다. 단 한 명의 손님이라도 좋은 기억을 갖고 가

 맛있는 레시피

| 묵밥 레시피 |

① 껍질을 까지 않은 메밀을 통째로 간다.
② 독소를 없애기 위해 끓는 물에 10분 정도 데친다.
③ 채로 고운 가루를 걸러낸다.
④ 가마솥에 넣고 계속 저어주며 끓인다.
⑤ 수분이 증발해 꾸덕꾸덕해지면 가마솥 뚜껑을 닫고 30여 분 뜸들인다.
⑥ 메밀묵 판에 넣어 7~8시간 냉각시킨다.
⑦ 간장, 채소, 멸치 등을 넣고 육수를 만든다.
⑧ 메밀묵을 직사각형으로 자른다.
⑨ 육수와 메밀묵 위에 김, 참기름, 참깨가루(깨보시), 무생채, 묵은김치, 파, 고추를 넣는다.

기를 바라는 주인의 숨은 뜻도 담겨 있다. 묵밥 한 그릇에 대한 좋은 추억이 좀 더디
게 보여도 결국 많은 사람들에게 만족을 줄 수 있기 때문이다.

그런데 황 씨는 한 가지 걱정 아닌 걱정이 있다. 손님 대하는 모습이 좀 무뚝뚝해
불친절한 것처럼 보일 수 있기 때문이다. 하지만 영주사람들 속은 절대 그렇지 않음
을 강조한다. 너무 과장된 표현보다 진심이 더 통하는 법이라고 말이다.

 순흥전통묵집

주소 경북 영주시 순흥면 읍내1리 339번지 **전화** 634-4614 **영업시간** 09:00~21:00
순흥전통묵집은 50년 전통을 자랑한다. 묵밥도 묵밥이지만 함께 나오는 양념간장과 육수, 밥 그리고 김치, 깍두기 등
밑반찬을 일일이 직접 만들기 때문에 모든 음식에 정성과 손맛이 깃들어 있다. 아무리 부식재료 값이 들쭉날쭉해도
일 년 내내 빠지는 반찬이 없다.

 찾아가는 길

중앙고속도로 풍기IC → 북영주 방면으로 우회전 → 봉현교차로에서 부석,
순흥 방면으로 우회전 → 순흥면 어린이집 앞에서 우회전 → 순흥전통묵집

 참고문헌

《한국전통식품연구》(2008, 성신여대출판부)

남과 북의 음식이 이룬 맛의 통일
평양냉면과 영주 한우

영주의 한우는 특유의 부드러움과 살살 녹는 맛으로 미식가들 사이에 이미 정평이 나 있다. 워낙 토양과 기후조건이 좋은 청정지역이기에 쇠고기의 육질이 상당히 탁월하다. 그래서 이곳 사람들은 타지방 쇠고기는 입에도 대지 않는다. 여기에 순메밀로 만든 평양식 냉면이 더해지면 맛의 조화가 완벽하다. 북쪽의 냉면과 남쪽의 쇠고기가 만들어 낸 맛의 통일. 그 속에 숨은 이야기를 꺼내본다.

글 · 사진 | 윤규식

소백산의 정기가 서린 풍기, 그리고 실향민

소백산은 경북 영주시 순흥면과 풍기읍, 그리고 북쪽으로는 충북 단양에 걸쳐 있다. 태백산에서 서남으로 갈린 산맥이 구름 위로 솟아 경상, 강원, 충청 등 3도의 경계를 이룬다. 산세는 장엄하고, 계곡은 길고 그윽하다.

이중환의《택리지》에는 조선 명종 때 남사고 선생이 소백산에 올라 "이 산은 사람을 살리는 산"이라고 감탄하며 엎드려 절을 했다는 기록도 전한다. 아울러 소백산은 병란과 기근을 피할 수 있는 '십승지지(十勝之地)'의 한 곳으로 꼽히기도 한다. 십승지지는 전재나 싸움이 일어나도 안심하고 살 수 있다는 열 군데의 땅으로《징감록》에는 안동, 예천 등과 더불어 풍기가 거명돼 있다.

이렇듯 소백산의 영험한 정기는 기름진 토양과 함께 영주 사람들에게 많은 천혜를 베풀었다. 풍기의 인삼, 영주의 사과 등 자연작물이 그렇고 최근 들어 훌륭한 육질을 자랑하는 한우가 그렇다. 한우는 토양, 기후, 물 등의 조건이 조화를 이뤄야 높은 등급의 고기가 나올 수 있다. 영주 한우의 자랑인 단단한 육질과 선홍빛 고운 마블링은 이처럼 스트레스 없는 청정지역에서 자란 덕이다. 영주시도 더욱 품질 좋은 한우 개발을 위해 상당히 공을 들이고 있는데, 경북축산기술연구소가 이곳 영주시에 자리하고 있는 것에서도 그 노력이 단적으로 엿보인다.

한편, 영주는 6·25동란 때 이북에서 내려온 실향민들이 다수 정착한 곳이기도 하다. 굳이 정감록의 기록을 들추지 않더라도, 전쟁의 참화를 피해 내려온 사람들에게 이 땅은 소문대로 생명을 보전하고 가족의 안위를 돌볼 수 있는 안전 지대였다.

실향민들은 생계를 위해 직물공장을 시작했다. 대부분 북쪽에서 살 때 이 일을 했던 사람들이었다. 그들이 풍기로 이주하며 본격적인 가내공업으로 발전시킨 것이다. 풍기의 인견은 이렇게 시작돼 지역의 대표 산업으로 자리 잡았고, 현재까지 우리나라 최대의 인견 생산지역으로서 그 명성을 이어오고 있다.

평양 순메밀냉면의 맛을 풍기에서 재현하다

그런데 영주에서 한우는 그렇다 치고, 냉면이 왜 유명해졌을까? 해답은 이북에서 내려온 실향민에 있다. 이제는 전국에서 대표적인 평양냉면으로 손꼽히는 서부냉면집의 창업자가 바로 평안북도 운산이 고향인 김숙인 여사다. 지금은 대를 이어 둘째 며느리인 명연옥 씨가 원조의 맛을 이어가고 있다.

서부냉면의 역사는 40년 전으로 거슬러 올라간다. 전국적으로 섬유산업의 기계화가 시작되면서 가내공업 수준을 면치 못하던 풍기의 인견 업체들이 타격을 입기 시작했다. 남편이 견직물 기술자였던 김숙인 여사도 예외는 아니었다. 김 여사는 가계를 돕기 위해 메밀묵을 만들어 팔기 시작했다. 하지만 메밀묵은 겨울 음식인지라 여

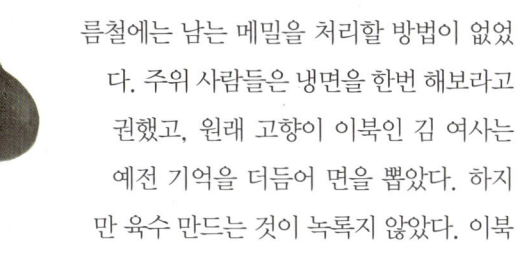

름철에는 남는 메밀을 처리할 방법이 없었
다. 주위 사람들은 냉면을 한번 해보라고
권했고, 원래 고향이 이북인 김 여사는
예전 기억을 더듬어 면을 뽑았다. 하지
만 육수 만드는 것이 녹록지 않았다. 이북
에서는 꿩고기로 육수를 만들지만 남쪽 사람들
은 쇠고기 육수를 더 좋아했기 때문이다. 김 여사는 이
를 위해 서울, 홍천 등지로 맛을 찾아다녔고, 마침내 자신
만의 육수를 만들어냈다. 그리고 그 맛이 며느리인 명연옥
씨에게 고스란히 전수됐다.

서부냉면의 육수는 한우 갈비뼈와 양지머리를 넣고 약 6
시간 정도 끓인 뒤 채소류를 첨가해 완성한다. 맛을 내겠다
는 이유로 화학조미료는 절대 쓰지 않는다. 때문에 처음 먹
는 사람들은 더러 단맛도 나지 않고 뭔가 밋밋하다며 시큰
둥한 반응을 보이기도 한다. 하지만 미식가들 사이에서는
전통의 깊고 구수한 맛으로 정평이 나 있다. 한 입 머금으

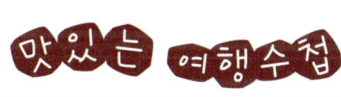

✏️ 순메밀냉면과 한우 제대로 즐기기

순메밀냉면은 반드시 무김치를 곁들여 먹는 것이 좋다. 메밀은 비타민B, 무는 비타민C가 다량
함유돼 있어 궁합이 잘 맞는다. 또한 무는 메밀이 소량 함유한 유해성분을 중화시키는 기능도 한
다. 식초와 겨자를 넣어 입맛에 맞게 간을 맞춘 후 삶은계란을 먼저 먹고 본격적으로 면을 먹는
것이 좋다. 삶은계란이 속을 보호하는 역할을 한다.
영주에서 맛보는 한우는 불고기 외에 갈빗살 숯불구이도 추천 음식이다. 싱싱한 마블링에서 나
오는 육즙이 환상적이다. 영주 사람들의 사랑을 듬뿍 받고 있는 음식이다.

니 은은한 쇠고기 향이 느껴지며 부드럽게 목을 넘어간다. 겨자를 조금 풀었더니 특유의 향이 살짝 코끝을 자극한다. 냉면 잘 한다는 집은 일부러 찾아다니고 맛을 보는데, 이 집 맛을 보니 대번에 단골 예감이다.

다음은 순메밀로 만든 면을 맛볼 차례다. 이 집의 면은 통메밀을 직접 갈아서 반죽한다. 메밀과 전분의 비율은 7:3. 좀 편해 보려고 제분소의 메밀도 써봤지만 영 제 맛이 나지 않았다고 한다. 손냉면과 확연히 다른 맛 때문에 조금 불편하더라도 직접 갈아서 가루를 낸다. 반죽도 주문이 들어와야 시작한다. 미리 해두면 전분 비율이 낮아서 쉬 끊어지기 때문이다.

육수에 면을 풀어 한 젓가락 입에 넣었다. 입안에서 툭 끊어진 면발이 돌돌 돌아다녀 재미있다. 끈적임 없는 메밀의 질감과 육수의 은근한 맛이 다음 젓가락을 재촉한다.

냉면을 반쯤 비우니 지글지글 끓기 시작한 영주 한우불

맛있는 레시피

| 순메밀평양냉면 레시피 |

① 한우 갈비뼈와 양지머리를 넣고 6시간 끓인 뒤 채소류를 첨가해 육수를 만든다.
② 통메밀과 깐메밀을 갈아 반반씩 섞는다.
③ 간 메밀을 채에 걸러 고운 가루로 만든다.
④ 메밀가루를 반죽한다.
⑤ 면을 뽑아 끓는 물에 넣어 익힌다.
⑥ 육수를 붓고 쇠고기 편육, 삶은계란, 배, 오이 등 고명을 얹는다.

고기가 눈에 들어온다. 인삼과 함께 양념한 한우불고기. 부드러운 육질은 두말할 나위 없고, 은은한 인삼 향과 더불어 씹는 맛이 일품이다. 고기와 냉면은 불가분의 관계지만 서부냉면집에서 경험한 즐거운 경험은 혀에서 시작해 가슴으로 느껴지는 감동이었다. 그곳에서는 남과 북의 음식이 만나 명실 공히 맛의 통일을 이루고 있었다.

 서부냉면

주소 경북 영주시 풍기읍 서부2리 132-2번지 **전화** 636-2457

40년을 이어온 평양식 냉면집이다. 국내산 메밀만 사용하며 냉면 외에 한우 갈빗살과 불고기가 주요 메뉴이다. 주말이면 서울, 대구 등 대도시에서 냉면 맛을 보기 위해 몰려드는 손님들로 북새통을 이룬다. 단골손님 중에는 역대 대통령부터 시작해 유명인사도 다수 포함돼 있다.

 찾아가는 길

중앙고속도로 풍기IC → 북영주, 풍기, 봉화 방면으로 우회전 → 봉현교차로에서 직진 → 풍기교 지나 직진 → 풍기관광호텔 지나 인삼시장 쪽으로 좌회전 → 풍기지구대에서 인삼시장 쪽으로 우회전 → 풍기역에서 우회전 → 서부냉면

 참고문헌

《한국의 산 여행》(2007, 관동산악연구회), 《택리지》(1751), 조재길 님(영주시청)

맛으로 그려보는 태평성대의 꿈
영주 태평초

비가 내려도 맞지 않고 20리를 갈 수 있다던 순흥. 처마 밑으로 비를 피해 그렇게 멀리 갈 수 있었다니, 과장 섞인 이 말로 당시의 번성함을 짐작한다. 그러나 단종 복위를 꾀하던 금성대군의 거사가 무위로 그치며 순흥은 핏빛으로 물들었고, 그 핏물이 죽계천을 따라 10여 리를 흘렀다. 피끝마을은 그렇게 붙여진 이름이다. 쑥대밭으로 변한 이 땅에서 사람들이 바랐던 태평성대는 무엇이었을까? 메밀묵과 김치, 돼지비계가 조화를 이룬 음식 태평초. 그 맛 속에는 순흥 사람들과 메밀에 얽힌 아픈 사연이 담겨 있다.

글 · 사진 | 윤규식

단종을 향한 일편단심, 그 고귀한 희생과 한이 서린 땅

순흥과 피끝마을을 말하자면 세조와 단종, 금성대군을 거론하지 않을 수 없다. 어린 임금이자 조카인 단종을 강제로 폐위시킨 세조는 호시탐탐 복위를 노리는 세력과 맞서야 했다.

비극은 여기서부터 시작됐다. 할아버지 대에서 벌어졌던 형제간의 혈투가 손자 대에서 다시 재현된 것이다. 수양의 동생 안평대군이 계유정난의 희생양이 되었고, 금성대군은 바로 이곳 순흥 땅에서 생을 마감해야 했다. 단종의 복위를 꾀하던 금성대군은 순흥부사 이보흠과 함께 치밀하게 거사를 준비했다. 그러나 어이없게도 밀담을 엿들은 관노의 밀고로 모든 계획이 수포로 돌아갔다.

그 결과는 처참했다. 분노한 세조는 순흥을 역모의 고장으로 몰아세워 모의에 가담한 유생과 수많은 민초들을 살육했다. 죽계천은 피로 물들었으며 그 물이 몇십 리를 흘렀다. 순흥은 쑥대밭이 됐고, 번성함의 상징이던 고을은 일순간 공포와 죽음의 땅으로 변모했다. 세조 3년 1457년에 일어난 정축지변의 결과이다.

정축지변 이후 순흥 사람들은 피폐한 삶을 살아야 했다. 200여 년이 흐른 숙종 9년에야 순흥 땅은 명예를 되찾았지만 그때까지 민초들이 겪은 고통은 이루 말할 수 없었다.

메밀과 순흥의 슬픈 인연은 그렇게 시작됐다. 크게 신경 쓰지 않아도 잘 자라는 메밀은 이곳 사람들에게 양식이 돼 주었다. 김치에 메밀묵과 돼지비계를 넣은 찌개로 영양을 보충했으니, 이름 하여 태평초다. 혹자는 영조 임금 때 탕평책의 올바른 시행을 놓고 경륜을 펴는 자리에서 채소를 섞어 무친 음식이 나와 이를 탕평채라 불렀고, 이것이 영주 지방으로 내려오며 태평초라 불렸다고 한다. 또 다른 견해는 이 지역의 서민들이 여름을 나기 위해 먹었던 일종의 보양식이라고도 한다. 이유야 어떻든 태평초는 분명 영주를 비롯해 안동, 문경 등지의 민초들이 즐겨 먹던 음식이다. 어쩌면 이름에서 엿보이듯 편안한 세상을 바라던 민초들의 염원이 담긴 음식인지도 모른다.

메밀묵, 김치, 돼지고기가 어울려 태평초를 만들다

영주시 안정면 동촌리 피끝마을 어귀 자연묵집에서 태평초를 만든다. 맛도 맛이지만 우울한 과거사를 떠올리며 이 음식을 접하니 괜히 숙연해진다.

자연묵집은 2대째 태평초를 만들고 있다. 최옥선, 박정훈 부부가 30여 년 전부터 식당을 운영하다 2002년 아들인 박재현 씨에게 물려줬다.

음식 조리에서부터 손님 접대까지 대부분의 식당 일은 박 사장이 도맡아 한다. 하지만 옛 방식 그대로 메밀묵을 만들고 육수를 내는 일은 아직도 어머니인 최옥선 씨의 몫이다. 전통방식을 고스란히 따르기 때문에 처음부터 끝까지 기계의 힘을 얻는 것이 하나도 없다. 새벽 5시부터 메밀묵 만드는 작업이 시작되고, 아침 9시부터는 육수를 끓이기 시작한다. 그 작업이 수십 년간 거의 매일 이어지고 있다.

자연묵집에서 태평초를 만들며 가장 크게 신경 쓰는 부분은 전통의 맛이다. 그래서 메밀묵도 일일이 가루를 빻고 채로 걸러낸다. 복더위 중에도 땀을 뻘뻘 흘리며 가마솥에 장작불을 때 묵을 쑨다. 메밀은 당연히 이 지역에서 나는 것을 쓴다. 안동과 영주의 경계에 있는 학가산 자락에서 메밀이 많이 재배된다. 부석면과 순흥면 쪽에도 메밀이 많다. 자연묵집의 메밀묵은 이들 지역에서 가져온다.

이런 과정을 아는 단골손님들은 가끔씩 묵을 포장해 달라거나, 택배로 보내줄 수 있겠냐고 묻지만 정중히 거절한다. 묵이나 육수는 금세 상하기 때문에 오히려 탈이 날 수 있다. 오로지 이곳에서만 맛을 즐겨야 한다. 박 사장도 처음 일을 시작할 때에는 양산체계를 갖추고 싶은 욕심이 있었다. 하지만 그렇게 해서는 전통의 맛을 지키는데 한계가 많아 계획을 접었다. 대신 찾아오는 손님들에게 더욱 알차고 풍부한 맛을 전하기 위해 노력한다.

태평초에는 각종 채소류와 묵은김치, 돼지고기, 버섯 그리고 메밀묵이 들어간다. 전골냄비에 이런 재료를 넣고 육수를 부어 자작자작하게 끓인 후 먹으면 된다.

육수는 다시마, 파, 양파, 버섯 등을 넣고 3시간 정도 끓여 놓는다. 고기가 들어가지 않기 때문에 너무 오래 끓이면 텁텁하다. 한 번에 약 100인분 성노의 양을 끓인다. 생

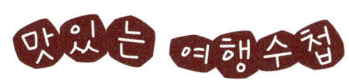

태평초 제대로 즐기기

태평초에 곁들이는 조밥에는 배부름의 미학이 있다. 메밀묵이 쉽게 소화되는 음식이기 때문에 태평초를 먹은 뒤 조밥을 약간 곁들여야 포만감을 느낄 수 있다. 태평초는 피를 맑게 하고 다이어트에 좋은 웰빙음식으로 알려져 있다. 태평초는 영주를 비롯해 안동지역의 사람들이 여름을 나기 위해 먹었던 일종의 보양식이다.

균 손님 수에 맞춘 것이지만 주말에 예상보다 손님 수가 많으면 어쩔 수 없이 다른 메뉴를 권할 수밖에 없다고 한다.

국물과 곁들여 묵과 김치, 돼지고기를 한입에 넣었다. 입안에서 묵이 허물어지며 한쪽으로 고기의 질감이 느껴진다. 묵은김치 특유의 신맛이 입안 전체에 감돌며 묘한 조화를 이룬다. 생각해보니 또 하나의 삼합이다. 꿀꺽 삼키기 직전, 입안에서는 이미 태평성대가 이루어진다.

 자연묵집

주소 경북 영주시 안정면 동촌리 129-1번지
전화 637-2970 **영업시간** 11:00~21:00
30년 전통을 자랑하는 이 집은 태평초 외에도 묵밥과 메밀묵무침 등의 메밀 음식,
손두부 등 각종 두부요리, 청국장 등을 맛볼 수 있다.

 찾아가는 길

중앙고속도로 풍기IC → 안정 방면 → 안정농업기술센터 → 피끝마을 → 자연묵집

 참고문헌

《한국문화유산답사》(2001, 돌베개), 《한국지형산책》(2007, 푸른숲), 조재길(영주시청)

 맛있는 레시피

| 태평초 레시피 |

① 메밀묵을 직사각형으로 썬다.
② 돼지고기, 김치, 버섯 등을 먹기 좋게 썰어 둔다.
③ 썰어 둔 재료들을 전골냄비에 올리고 육수를 붓는다.
④ 끓이는 도중 호박, 고추 등 채소류를 채 썰어 넣는다.
⑤ 최종적으로 팽이버섯, 김가루 등을 냄비 위에 얹어 한번 더 끓인다.

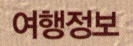

추천여행코스

무섬마을 ⇨ 희방사 ⇨ 풍기인삼시장 ⇨ 서부냉면 ⇨ 소수서원
⇨ 선비촌 ⇨ 부석사 ⇨ 순흥전통묵집 또는 자연묵집

여행정보

① **무섬마을** 물 위에 뜬 섬을 뜻하는 '수도리(水島里)'의 우리말 이름이다. 낙동강의 지류인 내성천이 동쪽 일부를 제외한 3면을 휘돌아 흐르고, 내 안쪽으로 넓게 펼쳐진 모래톱 위에 마을이 똬리를 틀고 앉아 있다.

② **희방사** 신라 선덕여왕 12년에 두운도사가 창건한 사찰이다. 호랑이가 은혜 갚은 절이라 기쁘다는 의미에서 '희(喜)', 두운조사의 참선방이라는 것을 상징하는 '방(方)'을 써 희방사라 했다.

③ **풍기인삼시장(서부냉면)** 풍기의 인삼은 어느 지방보다 향이 강하고 유효 사포닌 함량이 높은 것으로 알려져 있다. 풍기인삼시장을 중심으로 인삼 판매장이 여럿 있다.

④ **소수서원** 한국 최초의 서원으로 1542년 풍기군수 주세붕에 의해 설립됐다. 대원군의 서원철폐 때도 이를 면한 47개 서원 중 하나로 지금도 옛 모습을 그대로 간직하고 있다.

⑤ **선비촌** 조선시대 양반과 상민의 생활상을 두루 체험할 수 있는 전통체험마을이다. 다양한 민속체험이 가능하며, 전통가옥 12채에서는 숙박도 할 수 있다.

⑥ **부석사** 신라 문무왕 16년 의상대사가 왕명을 받들어 창건한 사찰이다. 국보 제18호인 무량수전은 우리나라에 남아 있는 목조 건물 중 봉정사 극락전(국보 제15호)과 더불어 가장 오래된 건물로서 고대 사찰건축 구조를 연구하는 데 매우 큰 가치를 지니고 있다.

맛집

서부냉면 인근에 있는 서부불고기식당(636-2649)도 냉면과 불고기 메뉴로 성업 중이며, 풍기인삼갈비(635-2382)는 한우갈비로 유명하다. 순흥면의 원조 순흥묵집(632-2028)은 묵밥과 태평초를 잘한다.

숙소

선비촌(638-6444), 풍기인삼관광호텔(637-8800), 옥녀봉자연휴양림(636-5928) 등이 있다.

주인장의 넉넉한 정이 듬뿍
의성 소머리곰탕

국은 우리네 식생활에서 빼놓을 수 없는 중요한 먹을거리 중 하나다. 고대 중국인들은 국과 밥을 음과 양에 비유하며 그 조화를 중요시했는데, 중국 고대 지배계급의 관혼상제 예법을 적은 《의례》에도 이 같은 내용이 기록돼 있다. 유교문화의 영향을 받은 조선시대 상차림도 여기에서 크게 벗어나지 않는다. 다만 탕반, 즉 국에 밥을 말아 먹는 국밥이 존재했다는 것이 차이라면 차이다.

글 · 사진 | 정철훈

배고팠던 서민들의 푸짐한 한 끼 식사

밥과 국. 이 둘은 우리의 식문화에서 떼려야 뗄 수 없는 실과 바늘 같은 존재이다. 찬이나 찌개가 밥상을 함께하는 이들이 공유했던 것과 달리, 국은 한 사람 앞에 하나씩 놓이는 게 일반적이다. 그러니 국에 밥을 말아 먹는 것은 우리네 식문화에서 그리 특별할 게 없는 일이었다. 하지만 같은 동양권이면서 쌀을 주식으로 하는 중국과 일본에서는 국에 밥을 말아 먹는 경우가 흔치 않았다. 중국의 경우 양나라(502~557) 시대 저서인 《옥편》에 국밥을 가리키는 '찬(饡)'이라는 단어가 나오지만 그리 보편화된 음식은 아닌 듯 보이며, 일본의 '미소시루(뇐상국)' 억시 밥을 말아 믹는 용도의 국은 아니었다.

그럼 우리나라에서 유독 국밥 문화가 발달한 이유는 뭘까. 이에 대한 설은 분분하다. 그중 식량난과 잦은 외침에서 이유를 찾는 게 그래도 설득력 있어 보인다. 먹을 것이 부족했던 서민들이 어렵사리 구한 고기나 생선을 효과적으로 나누어 먹는 방법도, 또 난리 중에 손쉽게 끼니를 해결하는 방법도 국에 밥을 말아 먹는 것이었을 테니 말이다. 여기에 밥을 먹을 때 젓가락보다 숟가락을 많이 사용했던 우리네 식사방법도 한몫 거들지 않았을까 싶다.

국밥은 16세기 이후 전국적으로 장시가 활성화되면서 전성기를 맞았다. 장마다 들어선 객주와 주막에서 장사치와 길손을 상대로 국밥을 팔기 시작한 덕이다. 먹고살기에 바빴던 이들에게 주문과 동시에 식탁에 오르는 국밥은 시간도 아끼고 허기도

남선옥이 의성장에서 유명한 이유는 하나.
부드러운 소머리고기에 장작불로 12시간을
꼬박 끓여내는 곰탕 때문이다.

채울 수 있는 최고의 메뉴였다. 이후 국밥은 말 그대로 국민음식으로서 사랑을 받았다. 1798년 서유구가 편찬한 《임원경제지》에는 58가지에 이르는 탕반의 종류가 소개되어 있기도 하다.

곰탕은 많은 국밥 중에서도 가장 서민적이고 대중적인 음식이라 할 수 있다. 넉넉히 담아내는 고기에 뜨끈한 국물은 한 끼 식사로 부족함이 없었다. 뼈를 고아 국물을 내는 설렁탕과 달리 소나 돼지의 고기를 고아 국을 내는 곰탕은 맛도 맛이지만 푸짐함에서도 설렁탕에 비할 바가 아니었다. 거기에 국물 맛을 내기 위해 넣는 양, 곱창, 간 같은 부산물 역시 덤이기는 하지만 주머니 가벼운 서민들에게는 훌륭한 먹을거리가 되어 주었다.

30년 세월을 이어온 깊고 진한 맛

2일과 7일에 서는 의성장의 주인공은 마늘이다. 하지만 마늘을 사고팔기 위해 오가는 이들이 마늘전만큼 자주 드나드는 곳이 있다. 바로 남선옥이다.

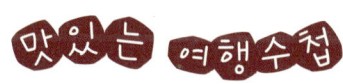

 남선옥 숯불구이

정육점을 겸하는 남선옥에서는 숯불구이도 빼놓을 수 없는 메뉴다. 장날에만 맛을 볼 수 있는 곰탕과는 달리 숯불구이는 언제 찾아가도 맛을 볼 수 있다. 남선옥을 인수하기 전부터 의성읍 내에서 정육점을 운영했던 곳답게 고기 맛이 일품이다. 다만 장날에는 곰탕을 끓이고 남은 장작을 바로 구이용 숯으로 사용하기 때문에 색다른 분위기에서 숯불구이를 즐길 수 있다. 정육 구입도 가능하다.

남선옥이 의성장에서 유명한 이유는 하나, 곰탕 때
문이다. 그것도 소머리고기를 듬뿍 넣은 소머리곰탕.
야들야들 씹히는 부드러운 소머리고기에 장작불에서
꼬박 12시간 이상을 고아낸 국물 맛은 남선옥이 의성
장을 지켜온 세월만큼이나 깊고 풍성하다.

남선옥이 의성장에 간판을 걸고 장사를 시작한 건 50
여 년 전의 일이다. 하지만 처음부터 소머리곰탕집으로 시
작했던 건 아니다. 남선옥은 광복 직후 색시집으로 이곳에 터를
잡았다. 당시에는 술과 함께 돼지국밥을 팔았다고 하는데, 지금의 사
장인 안대필 김정애 씨 부부가 남선옥을 인수하면서 식육식당으로 바뀌었고, 메뉴도
돼지국밥에서 소머리곰탕이 되었다. 30여 년 전의 일이다.

남선옥 곰탕의 특징은 곰탕과 설렁탕의 국물 맛이 절묘하게 어우러져 있다는 것에
있다. 곰탕이라고 하면 그 이름의 유래에서처럼 양지머리와 사태 등 정육을 푹 '곤'
국을 말하는데, 남선옥에서는 육수를 낼 때 이들 정육과 함께 소 한 마리 분의 갈비
뼈를 넣는다. 남선옥 소머리곰탕의 육수가 다른 지역 곰탕에 비해 젖빛이 많이 도는
이유도 여기에 있다. 초기에는 소머리뼈와 잡뼈를 함께 넣었었는데, 지금은 오로지

| 소머리곰탕 레시피 |

① 한우 갈비뼈와 양지머리, 사태, 양, 곱창, 허파 등을 넣고 12시간 이상 곤다.
② 고기가 익으면 부속물과 함께 건져낸다.
③ 건져낸 고기와 부속은 국밥을 담을 때 살짝 데친 뒤 올린다.
④ 천일염으로 간을 하고 대파를 넣어 먹는다.

갈비뼈만을 사용한다. 덕분에 예전에 비해 맛이 한결 깔끔해졌다는 평이다. 천연 조미료 역할을 톡톡히 해내는 양, 허파 등의 내장도 빠지지 않고 듬뿍 들어간다.

남선옥의 소머리곰탕은 의성장이 열리는 날에만 맛볼 수 있다. 식당을 시작하면서부터 그래 왔으니 30여 년을 지켜 온 원칙이다. 사실 꼭 그래야하는 거창한 이유가 있었던 건 아니다. 정육판매와 구이 위주로 운영하던 남선옥에서 곰탕을 말아내기 시작한 건 순전히 장날 끼니 때울 곳 없던 상인들을 위해서였다. 하루 파는 곰탕 100그릇 중 30그릇 정도가 공밥으로 나갔던 것도, 안대필 김정애 씨가 안방으로 사용하는 공간을 기꺼이 손님에게 내어줄 수 있었던 것도 같은 이유에서다. 돈 벌 욕심만으로는 곰탕 장사 못한다는 김정애 씨의 말마따나 한 그릇 가득 담아낸 곰탕에는 꼭 그만큼의 정도 함께 담긴다. 반찬이라고는 깍두기 하나뿐인 단출한 식단이지만 산해진미가 부럽지 않은 이유는 진한 국물 맛에 더해지는 주인장의 넉넉한 마음 씀씀이 때문이 아닐까 싶다.

 남선옥

주소 의성군 의성읍 도동리 981-8 **전화** 834-2455
영업시간 06:00~20:00, 연중무휴
남선옥의 소머리곰탕은 의성장이 열리는 2일과 7일에만 맛을 볼 수 있다. 장날이라도 당일 준비한 물량이 다 팔리면 그나마 맛을 볼 수 없으니 조금은 서둘러 찾는 게 좋다.

 찾아가는 길

중앙고속도 의성IC → IC 교차로에서 안동, 의성 방향으로 우회전 → 원당삼거리에서 농산물유통포장센터 방면으로 우회전 → 북원사거리에서 연천, 우보 방향으로 우회전 → 역전오거리에서 법원검찰청 방향으로 좌회전 → 남선옥

 참고문헌

《조선시대의 음식문화》(2006년, 가람기획)

못생겨도 맛과 영양은 최고
의성 외정황토못메기

거무튀튀한 빛깔에 두루뭉술한 몸통, 넓적한 얼굴 위로 툭 불거져 나온 수염까지. 메기는 참 볼품없이 생긴 물고기이다. 하지만 생김새와는 달리 예로부터 훌륭한 보양식으로 대접받아왔다. 특히 생활이 팍팍했던 서민들에겐 메기처럼 좋은 보양식도 없었다. 비늘 없는 생선이라 양반들이 꺼렸던 것도 한 이유이지만 그보다는 뛰어난 생명력으로 우리 강과 저수지 어디에서든 손쉽게 구할 수 있는 물고기였기 때문이다.

글·사진 | 정철훈

맛과 영양, 두 마리 토끼를 한번에

겉모습으로만 따지자면 메기는 참 매력 없는 물고기이다. 잉어처럼 멋진 비늘이 있는 것도 아니고, 장어처럼 미끈한 몸매를 가지지도 못했다. 그래서 체면을 중시했던 양반들은 메기를 멀리했다. 한데 그 면면을 들여다보면 잉어의 멋진 비늘도, 장어의 미끈한 몸매도 부럽지 않을 만큼 맛과 영양을 두루 갖추고 있는 게 메기다.

메기는 붕어나 피라미 등 여느 민물고기와 달리 비린내가 거의 없고 영양도 풍부하다. 저칼로리 고단백 식품이니 비만에서 오는 성인병을 예방할 수 있고, 칼슘, 철, 비타민A, 비타민B 등이 풍부하니 성장기 어린이를 비롯해 임산부와 환자들의 보양식으로도 손색이 없다. 또한 '메기가 대나무 꼭대기를 뛰어 오른다'는 옛말처럼 힘이 좋아 허약해진 기운을 보하고 정력을 증진시키는 데도 도움을 준다. 말 그대로 남녀노소 누구나 즐겨 먹을 수 있는 최고의 보양식이다.

이렇게 맛도 좋고 몸에도 좋은 메기를 예전 사람들은 어떻게 먹었을까. 1820년 서유구가 저술한 《난호어목지》에 따르면 '메기의 살은 회나 구이에는 부적합하고 다만 고아서 끓여 먹는 경우가 많다'고 했다. 회나 구이보다는 탕으로 먹는 게 일반적이었다는 얘기이다. 하지만 여기서 말하는 '고아서 끓여 먹는다'는 것이 지금처럼 얼큰하게 끓여내는 매운탕을 이야기하는지는 확실치 않다. 다만 그렇지 않을까 짐작해 볼 수 있는 것은 1809년 빙허각 이씨가 엮은 《규합총서》에 남아 있는 메기탕에 대한 기록 때문인데, 규합총서에는 메기탕 조리법에 대해 데친 메기를 꿀을 조금 섞은 고추

장과 함께 끓인다고 적고 있다. 별다른 양념 없이 메기를 고추장과 함께 끓여냈으니 영락 없는 메기매운탕이다. 조선시대 여성들의 필독서나 다름없던 《규합총서》에 나온 내용이라는 점을 감안하면 당시에도 메기는 맑은탕 보다는 매운탕으로 끓여 먹는 것이 보편적이었음을 알 수 있다.

그렇다면 우리나라에 남아 있는 메기탕에 대한 최초의 기록은 뭘까. 이에 대한 해답은 1766년 유중림이 《산림경제》를 증보해 간행한 《증보산림경제》에서 찾을 수 있다. 이 책의 토장국과 관련된 부분에 아욱국, 소루장이국, 원추리잎국, 토란국, 토란줄기국 등과 함께 점어(메기탕)에 대한 기록이 남아 있다. 토장국이란 고추장과 된장으로 간을 한 물에 데친 채소를 넣고 끓여내는 국을 가리키는데, 고추장보다 된장이 많이 들어가기는 하지만 그래도 얼큰하게 끓여 낸다는 점에서 매운탕의 시조로 보아도 크게 틀리지는 않아 보인다.

황톳물에서 자라 쫄깃한 육질이 일품인 외정황토못메기

의성군 다인면 외정리는 일제강점기 이전까지 산정(山井)마을이라 불리던 곳이다. 산 위에서 맑은 물이 난다고 해서 붙여진 이름답게 마을에는 크고 작은 저수지가 여럿 있다. 그중에서도 큰말못이라 불리던 대조지(大鳥池)는 1600년경 마을로 들어온 천장군 형제가 만든 못이라는 설화가 전해오는 곳이다.

외정황토못메기의 김동수 사장은 이곳에서 지난 20여 년 간 메기를 양식해 오고 있다. 오랫동안 마을의 농수였던

이곳을 김동수 사장이 메기양식장으로 사용할 수 있었던 건 안동댐이 생기면서 만들어진 수로 덕이었다. 수로를 따라 마을 구석구석까지 농수가 흘러드니 더 이상 대조지에서 물을 끌어다 농사를 지을 필요가 없게 된 것이다. 결국 마을에서 관리하던 대조지가 공매에 나오게 됐고, 이를 김동수 사장이 매입해 지금껏 메기양식장으로 활용해 오고 있는 것이다.

대조지는 오래전부터 물고기 맛이 좋은 저수지로 유명했다. 동네사람들은 물고기 맛으로 치면 의성에서 큰말못만한 곳이 없다고 입을 모은다. 김동수 사장도 어린 시절 친구들과 이곳 대조지에서 물고기를 잡아 매운탕을 끓여 먹던 추억이 있다. 갓 잡아 올린 메기며 붕어를 한데 넣고 보글보글 끓여 먹던 매운탕 맛을 지금도 잊을 수 없다고 한다. 당시만 해도 물이 좋아 그러려니 했는데, 세월이 흘러 손수 메기양식을 하면서 알게 된 맛의 비밀은 따로 있었다. 바로 흙이었다.

대조지의 바닥은 온통 황토로 이뤄져 있다. 아니 조금 더 정확히 얘기하면 오색토로 이뤄져 있다. 철분을 함유하고 있는 황토가 온통 붉은색을 띤다면 철분 외에 다양한 광물질을 함께 품고 있는 오색토는 붉은색, 검은색, 하얀색, 푸른색, 노란색의 흙이 한데 뒤엉켜 있다.

귀한 흙에서 자란 메기인 만큼 대조지에서 양식한 메기는 그 때깔부터가 남다르다.

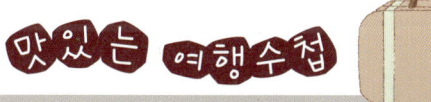

다양하게 즐기는 메기 요리

외정황토못메기에서는 매운탕 외에도 메기구이, 메기불고기 등 다양한 메뉴를 즐길 수 있다. 특히 메기구이는 꼭 한 번 먹어보기를 권하고 싶을 정도로 맛이 일품이다. 사실 메기를 구이로 먹을 수 있다는 것 자체가 흥미로운 경험이다. 지역에 따라 진흙 바른 메기를 짚불에 구워먹기도 하지만 외정황토못메기에서처럼 양념장을 발라 불판에 구워내는 메기구이는 흔치 않은 요리이기 때문이다.

피부에선 반질반질 윤이 나고 몸통은 옅은 녹색을 띤다. 일반 메기에 비해 땡땡한 육질도 이곳 메기의 특징 중 하나. 그래서 매운탕을 끓여내도 살코기가 흐트러지거나 물러지지 않는다. 메기매운탕을 끓일 때 몸통을 토막 내지 않고 칼집만 조금 낸 상태로 조리하는 이유다.

 외정황토못메기
주소 경북 의성군 다인면 송호리 315–2번지 **전화** 834–2455
홈페이지 www.megida.com **영업시간** 09:00~21:00, 연중무휴
외정황토못메기에서는 직접 양식한 메기를 이용해 메기매운탕, 메기구이, 메기불고기 등을 메뉴로 낸다. 집에서 간단히 조리해 먹을 수 있도록 메기와 각종 양념을 팩에 담은 제품도 구입이 가능하다.

 찾아가는 길
중앙고속도로 의성IC → IC교차로에서 안동, 의성 방향으로 우회전 → 봉양교차로에서 예천 안계 방향으로 좌회전 → 28번국도 직진 → 다인휴게소 내 외정황토못메기

 참고문헌
《규합총서》(1809년), 《난호어목지》(1820년), 《증보산림경제》(1766년)

맛있는 레시피

| 메기매운탕 레시피 |

① 메기의 내장을 빼내고 깨끗이 씻은 뒤 몸통에 칼집을 낸다.
② 냄비에 무청을 깔고 쌀뜨물을 채운다.
③ 냄비에 메기를 넣고 중불로 10분 정도 끓인다.
④ 양념장과 고추장을 함께 넣고 다시 끓인다.
⑤ 대파를 넣는다.
⑥ 수제비를 넣는다.
⑦ 팽이버섯, 쑥갓, 당면 등을 올려 마무리한다.

여행정보

추천여행코스

고운사 ⇨ 사촌마을 ⇨ 제오리공룡발자국화석
⇨ 금성산고분군 ⇨ 탑리오층석탑

여행정보

① **고운사** 등운산 가장자리에 위치한 고운사는 신라 신문왕 원년(681년)에 의상대사가 창건한 사찰로 고운 최치원의 호를 따서 고운사로 이름 붙여진 사찰이다. 연꽃이 반쯤 핀 것 같은 형상(부용반개)에 위치한 이곳에선 천년 송림도 빼놓을 수 없는 볼거리다.

② **사촌마을(남선옥)** 안동 김씨와 풍산 류씨의 집성촌인 사촌마을은 송은 김광수, 서애 유성룡, 천사 김종덕 등 많은 유현이 태어난 곳이다. 마을에는 만취당을 비롯해 30여 동의 전통가옥이 남아 있다.

③ **제오리공룡발자국화석** 천연기념물 제373호인 제오리공룡발자국화석은 금성산 화산이 분출하기 전인 1억만 년 전 생성된 퇴적 암반층으로, 이곳에는 316개에 이르는 다양한 종류의 공룡발자국이 남아 있다.

④ **금성산고분군** 금성산고분군에는 삼한시대 부족국가였던 조문국의 경덕왕릉을 중심으로 260여 기의 고분이 분포해 있다. 현재까지도 발굴 작업이 진행 중인 이곳에선 고분과 고분 사이로 깔끔한 산책로가 조성돼 있다.

⑤ **탑리오층석탑(외정황토못메기)** 국보 제77호인 탑리오층석탑은 화강암으로 조성된 통일신라시대의 석탑으로 일부 전탑의 기법을 모방해 모전석탑이라 부르기도 한다. 모전석탑으로는 경주의 분황사탑 다음으로 오래된 석탑이다.

맛집

마늘로 유명한 의성에서는 마늘 먹인 소고기로 요리한 불고기가 유명하다. 의성읍의 경동숯불갈비(832–9680), 경북식육식당(834–4141), 의성마늘목장(834–9292), 금성면의 강운참숯갈비(832–1296)가 유명하다.

숙소

의성읍 주변에 금강장(834–0907), 신라장(832–0015), 진주장(833–1121), 테마모텔(834–9982) 등 다수의 숙박시설이 모여 있으며, 봉양면 구산리의 탑산약수온천(834–5030)이나 의성군에서 운영하는 금봉산 자연휴양림(833–0123) 등도 추천할만하다.

문경새재가 빚어낸 숭고한 맛
새재묵조밥

새재묵조밥은 문경새재의 험난한 산악지형과 혹독한 자연환경 속에서 살아남기 위해 먹었던 음식으로 대대로 구전되어 내려왔다. 새재묵조밥은 껄끄러운 조밥에 도토리묵과 청포묵을 넣어 먹는 음식이다. 새재묵조밥의 주요재료라 할 수 있는 도토리묵과 청포묵은 문경새재에 기대어 살아온 사람들에게는 큰 의미로 남아 있다. 살아남기 위해 터득할 수 밖에 없었던 삶의 지혜였을 뿐 아니라 어려움 속에서도 고마운 마음을 전할 수 있었던 순박하고 넉넉한 마음이 그대로 녹아 있기 때문이다. 문경새재가 빚어낸 새재묵조밥, 그 구구절절한 이야기를 찾아 문경새재를 찾아본다.

글 · 사진 | 문일식

산골 마을의 삶이 깃든 도토리묵과 청포묵

우람한 백두대간의 능선이 지나는 문경새재는 서울과 영남을 잇는 가장 높고 험한 고개다. 새도 날아서 넘기 힘든 고개라는 이름처럼 문경새재 주변은 험준한 산악지형을 이루고 있다. 첩첩산중의 산악지형인 까닭에 논보다 밭이 많아 쌀을 구하기 힘들었고, 그나마 녹두, 팥 등 값비싼 밭작물을 팔아야 쌀을 얻을 수 있었다. 쌀밥 대신 깔깔한 조밥으로 한 끼를 대신 했으니 배부른 한 끼를 먹는 것은 연중행사보다 더 힘든 일이었다. 더구나 기나긴 겨울의 혹독한 추위를 버티기 위해서는 나물을 말리고, 도토리도 주워 놓아야 했다. 그 중 도토리는 묵을 쑤어 조밥과 함께 비며 먹었는데, 조밥의 깔깔한 맛을 줄이면서 양식을 줄이는데 단단히 한몫을 했다.

도토리묵이 힘겨운 삶을 지탱해주던 고마운 양식이라면 청포묵은 귀한 손님을 대접할 때 내놓던 고급음식이었다. 청포묵의 재료인 녹두는 값도 비쌀 뿐 아니라 수확이 번거로워 매우 귀했다. 그래서 귀한 손님들이 올 때만 만들어 내놓는데, 특히 혼인할 때 신랑 집에서 내던 음식 중 하나다. 예로부터 시집을 보낼 때 부모가 딸을 신랑 집에 데려다 준 뒤 하루를 묵고 갔다. 이때 신랑 집에서는 매 끼니는 물론 간식과 밤참을 들여 주는데, 동동주, 청주와 함께 청포묵을 야참으로 들여 주었다고 한다. 수십 년간 키워온 딸을 남의 집에 내어주는 데 대한 서글서글한 고마움을 표현하는 것이다.

일흔을 훌쩍 넘긴 '소문난식당'의 장창복 · 박남복 부부도 그 음식을 먹고 자란 문경새재 사람들이다. 할아버지는 3대째 문경새재 제1관문인 주흘관 안쪽 상초리에 살았고, 할머니는 가은에서 시집을 왔다. 당시만 하더라도 1관문 안에는 43세대가 살고 있었다고. 지금은 문경시 택지개발사업으로 문경새재 초입으로 나와 있지만 아직도 새재 안쪽에 살던 때를 기억하고 있다.

문경새재에 난 입소문이 상호가 된 소문난식당

　소문난식당의 장창복·박남복 부부는 문경새재에서 나와 살면서 식당을 열긴 했지만, 여전히 자연에 기대어 사는 자연인이다. 아직도 문경새재 안에서 살 때 귀한 손님 대접했듯 도토리묵과 청포묵을 만든다. 도토리묵과 청포묵뿐 아니라 딸려 나오는 밑반찬 역시 예로부터 먹던 반찬 그대로다. 도시사람들이 새재묵조밥의 상차림을 보며 무슨 반찬인지 물어보는 이유도 여기에 있다. 산촌의 평범한 삶 속에 숨어 있는 구구절절한 이야기를 모른다면 사람들에게 도토리묵과 청포묵은 그저 의미 없는 별미일 뿐이다.

　소문난식당을 개업한 것은 15년 전이다. 하지만 손님에게 묵조밥을 낸지는 40년이 넘는다. 새재묵조밥

이 탄생하게 된 데에는 문경새재가 한몫을 했다. 1970년대 들어 문경새재를 찾는 사람들이 부쩍 많아졌는데 한 끼 식사를 해결할 만한 곳이 없었다. 당시 장창복·박남복 부부는 늘 먹던 방식으로 도토리묵과 청포묵에 조밥을 얹어 내기 시작했는데 이것이 소문난식당의 시작인 셈이다. 식당 이름도 없이 밥을 내던 부부에게 식당이름을 지어준 것도 새재를 찾아온 손님이란다. 1980년대 중반, 매 주말만 되면 문경새재를 찾아오는 사람이 있었다. 서울에서 큰 사업을 하다 회사가 어려워지고 건강도 안 좋아져 문경새재를 다니기 시작한 사람이었다. 그는 새재를 찾을 때마다 제 3 관문 아래 산신각에 소주와 포를 올려놓고 일이 잘 풀리기를 기원하며 절을 했다고 한다. 문경새재를 내려와서는 늘 장창복·박남복 부부의 집에 들러 밥을 먹었는데, 음식 맛이 좋다며 극찬을 아끼지 않았다고 한다. 그러던 어느 날 그가 식당을 해도 괜찮을 것 같다며 식당 이름을 지어주었는데, 그것이 바로 '소문난식당'이다. 새재를 찾아온 사람

 새재묵조밥 제대로 즐기기

청포묵을 쑤는 모습을 지켜보니 묵이 만들어질 때까지의 작업이 얼마나 고되고 많은 시간이 소요되는지를 알았다. 문득 녹두 한 말을 들여 몇 인분 정도 나올까가 궁금해졌다. "할아버지, 녹두 한 말로 청포묵을 쑤면 몇 명 정도 먹을 수 있나요? 하고 묻자 곰곰이 생각하시더니 "그건 여지껏 묵을 쑤면서 생각해본 적이 없네"하시며 고개를 가우뚱한다. 40년이 넘게 장사하면서 헤아려본 적이 없다니 사업수완은 영 꽝이다. 하지만, 그가 탱글탱글한 묵을 만들기 위해 하염없이 주걱을 젓고 있는 모습은 진정한 장인의 모습, '느림의 미학'을 그대로 보여주는 듯했다.

들에게 이미 입소문이 나 있으니 그것을 그대로 상호로 사용한 셈이다. 식당이름을 지어준 손님은 20년이 넘도록 매주 문경새재를 찾았다. 그러면서 일도 잘 풀렸다 하니 문경새재는 이름 그대로 식당과 손님 모두에게 기쁜 소식을 전해준 장소이다.

노부부는 요즘도 도토리묵과 청포묵을 직접 만든다. 도토리는 문경새재 주변에서 채취한 것을 쓰고, 녹두는 가은 지역에서 계약재배를 통해 공급받는다. 도토리와 녹두의 껍질을 까고, 물에 불리고, 맷돌에 갈아 물을 넣고 비벼 치댄 뒤, 끓여서 묵을 만드는 과정은 노부부가 일주일에 한두 번씩 하는 작업치고는 꽤나 고되 보인다. 젊었을 적에는 도토리도 직접 비벼서 깠고, 불린 도토리와 녹두도 맷돌로 직접 갈아 낸 것은 물론, 녹두를 비벼 치댄 뒤 고운 자루에 담아 12번이나 걸러내는 수고를 아끼지 않았다고 한다. 이제, 도토리와 녹두의 껍질을 까고 갈아내는 작업은 기계가 대신하고 있다. 하지만 갈아낸 도토리와 녹두를 자루에 담고

맛있는 레시피

| 도토리묵밥, 청포묵밥 레시피 |

① 백미와 조를 3:1로 섞어 밥을 짓는다.
② 묵을 꺼내 썰어낸 뒤 따뜻한 물에 한번 헹구고, 다시 찬물에 넣었다가 그릇에 담는다.
③ 도토리묵에는 무나물, 발효된 양념간장을 넣고, 청포묵에는 계란지단을 올린다. 으깬 통깨, 들깨, 무나물, 김가루는 공통적으로 들어간다.
④ 강된장으로 끓인 된장찌개와 함께 가죽나물, 참나물, 머윗대 등 12가지 찬을 함께 낸다.
⑤ 정식을 낼 경우에는 녹두죽과 녹두전, 더덕구이가 함께 나온다.

비벼 치대는 것은 여전히 박남복 씨의 몫이고, 커다란 솥단지에 연신 주걱으로 저으며 끓이고 뜸 들이는 일은 장창복 씨의 몫이다. 부부의 모습에서 세월이 지나도 변함없는 노련한 솜씨와 정성이 그대로 엿보인다. 각종 장류와 장아찌와 나물 등 토속적인 반찬도 박복남 씨의 정성스런 손길로 만들어 낸다. 자연환경과 노부부의 정성이 담긴 새재묵조밥이 문경새재가 빚어낸 종합 건강선물세트인 이유다.

 소문난식당
주소 경북 문경시 문경읍 하초리 344-15번지 **전화** 572-2255
영업시간 08:00~19:00, 연중무휴
소문난식당은 묵 음식으로만 40년이 넘는 전통을 자랑하는 집이다. 메뉴도 도토리묵조밥, 청포묵조밥, 그리고 각각의 정식 메뉴가 전부다.

 찾아가는 길
중부내륙고속도로 문경새재IC → 문경새재 방면 3번국도에서 좌회전 → 새재로 → 문경도자기전시관에서 새재교 건너 좌회전 → 소문난식당

 참고문헌
《이 맛을 대대로 전하게 하라》(2008년, 크리에디트)

500년을 빚어온 내력 있는 명주
호산춘

전통 있는 술에는 맛과 향뿐 아니라 사람들의 이야기가 숨어 있다. 뛰어난 맛과 향은 시대를 더해 역사를 만들고, 그 역사에 기대 전통주 또는 가양주라는 이름을 얻는다. 술은 사람이 빚고 마시니 사람의 이야기가 없을 수 없다.

문경의 산북에는 대대로 500년을 살아온 집안이 있다. 오랜 집안 내력과 어깨를 견주는 것이 있으니 바로 호산춘이라 불리는 술이다. 오랜 시간동안 사람들이 대물림하며 빚어낸 호산춘 이야기를 안주 삼아, 500년 향기 가득한 호산춘 한 잔 입안에 머금어 본다.

글 · 사진 | 문일식

호산춘 마신 상주목사, 밤에 요강을 들이키다

호산춘은 문경의 장수 황씨 집안에서 대대로 빚어온 술이다. 문경시 산북면 대하리에 있는 장수 황씨 고택은 방촌 황희 선생의 직계 후손이 정착해 500여 년 동안 대대로 살아온 곳이자 호산춘이 빚어진 곳이다. 호산춘이라는 술이름이 제법 독특하다. 술 이름에는 '술' 자 또는 '주(酒)' 자가 붙기 마련인데, 특이하게도 호산춘에는 '춘(春)' 자가 붙었다. 무슨 연유일까? 순우리말로 술 또는 한자로 주(酒)는 술을 통틀어 일컫는 말이지만, 한자로는 덧술하는 횟수에 따라 한 번 더 덧술하면 두(酘), 세 번 덧술 하면 주(酎)라고 한다. 세 번 덧술한 술은 깊고 그윽한 맛을 내고, 주도를 높인다하여 주(酎)를 고상하게 춘주라 부른다. 술이름에 '춘'이 붙는 이유는 여기서 유래하며, 술 가운데 가장 좋은 특품을 의미한다. '춘'은 그만큼 격조 높은 술에만 붙는 글자였다. 서울의 약산춘, 평양의 벽향춘 등이 있었지만, 지금은 문경의 호산춘만이 춘주의 명맥을 잇고 있는 셈이다.

호산춘은 조선시대를 풍미했던 술인 만큼 고서에도 많이 등장한다. 유암 홍만선이 저술한 《산림경제》에도 호산춘을 빚는 방법이 나오며, 성호 이익의 《성호전집》에는 "호산춘 술 빛이 잔에 그득 담겼으니 그대의 깊은 정에 감사해 백 잔도 불사하리"라며 호산춘을 가져온 이에게 감사하는 마음을 애틋하게 전하는 시도 남아 있다.

호산춘은 쌀 한 되에 술 한 되로 적은 양의 술을 얻는다. 그렇다 보니 적은 양만큼 향과 맛이 진하고, 진한만큼 알코올 도수가 세다. 호산춘은 알코올 도수 18도로 약주

치고는 가장 센데 호산춘의 가장 큰 특징이라 할 수 있다. 호산춘은 조선시대에 양반들을 위한 고급술로 많이 빚어졌다고 한다. 쌀을 사용해 적은 양의 술을 얻었으니 일반 백성들이 빚어 마시기는 쉽지 않았을 것이다.

호산춘의 맛과 향이 진하고 뛰어나다 보니 숱한 일화가 전한다. 장수 황씨 집안은 한때 육촌 내로 진사가 8명에다 천석지기의 부호가 8명이라 하여 '팔진사 팔천석'이란 말이 떠돌 정도였다고 한다. 집안이 부유하고, 술맛이 기가 막히다 보니 자연스레 찾는 사람이 많았단다. 찾는 사람에게 일일이 호산춘을 대접하다 보니 술을 끊임없이 빚어야 했다. 조선시대 때 상주목사가 들러 호산춘을 마시고 취해 잠이 들었는데, 그가 한밤중에 물인줄 알고, 술김에 요강을 들이켰다는 일화는 호산춘의 맛과 향이 얼마나 대단한가를 엿볼 수 있는 대목이다. 신선이 탐할 정도로 뛰어난 술이라 하여 호선주라 불리기도 하지만, 맛과 향해 취해 정신줄을 놓으면 망주가 된다고 하니 술을 어떻게 마시느냐에 따라 신선도 될 수 있고, 고주망태가 될 수도 있다. 새삼 진정한 애주가가 되기 위한 교훈이 느껴진다.

황희 정승의 후손이 빚는
500년 역사의 가양주

장수 황씨 고택에서 얼마 떨어지지 않은 곳에 호산춘 간판이 초라하게 서 있다. 호산춘을 빚는 양조장이다. "술이 필요하면 전화 주십시오"라는 안내판이 낡고 허름한 대문에 붙어 있다. 부유한 집안과 많은 사람으로 북적이던 옛날의 모습은 사라진지 오래다. 지금의 호산춘은 필요에 따라 빚는 술이라 양조장은 그리 크지 않다. 호산춘은 장수 황씨 22대 종손인 황규욱 씨가 빚는다. 호산춘은 아무 때

나 살 수 있는 술이 아니다. 지난 7월에도 빚어낸 술이 마음에 들지 않아 술독을 엎었다. 그전에 빚었던 술은 떨어지고, 새로 나올 술을 엎어버렸으니 당연히 술이 없을 수밖에. 결국 '술이 품절되었다'는 안내문구가 대문 한 귀퉁이에 붙고 말았다. 황규욱 씨에게 그동안 들인 재료와 정성이 아깝지 않느냐고 물으니 "좋은 술이 나오지 않으면 버리는 건 당연하다"며, 술맛을 제대로 지켜내는 것이 자신의 역할이자 명예라는 말도 덧붙였다.

양조장은 발효실과 제조실로 구성되어 있다. 양조장에는 며칠을 두고 빚었던 술들이 발효통 안에서 보글보글 숨을 쉬기 시작하고, 막 쪄낸 찹쌀 고두밥이 냉각판 위에서 연신 하얀 입김을 내뿜고 있었다. 제조실에 있는 냉각기, 냉각판, 발효통은 작은 양조장만큼이나 아담하다. 황규욱 씨가 혼자 빚기 위해 직접 고안해 주문제작한 것들이다. 술에 사용되는 물은 잡균을 위해 한 번 끓이는데 물 끓는 속도를 높이기 위해 스팀으로 물을 끓인다거나 판 밑으로 물을 돌려 고두밥을 빨리 식히는 냉각판 등은 황규욱 씨의 오랜 술빚는 과정에서 나온 생각들이다.

호산춘 제조과정에서 가장 눈에 띄는 것은 솔잎이다. 양조장 뒷산에서 따온 솔잎을 일일이 손질해 담아둔다. 솔잎은 피를 맑게 하고 정신을 온전하게 해주는 약리효과가 있는데, 호산춘에 없어서는 안 될 재료 중 하나다. 은은한 솔 향이 술에 스며들고 술을 짤 때 완충역할까지 한다고 하니 일석삼조의 역할을 하는 셈이다.

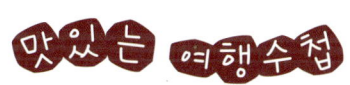 

 호산춘 제대로 즐기기

호산춘은 전화로 문의해보고 가는 것이 좋다. 필자도 지금은 볼게 아무것도 없다는 말에도 막무가내로 찾았다가 이제 막 익고 있는 술만 보았을 뿐 호산춘 한 잔 맛보지 못했다. 호산춘을 빚는다는 소식에 다시 찾았을 때 이제 막 병에 담긴 옅은 갈색의 호산춘을 맛볼 수 있었다. 솔 향이 짙게 퍼지면서 목을 타고 부드럽게 넘어가기에 주는 대로 넙죽넙죽 받아 마셨더니 세잔 째 이르러 술이 확 올라옴을 느낄 수 있었다. 호산춘을 마시다 보면 자신의 업무도 잊은 채 마신다 하여 망주라더니 이러다 취재도 못 하겠다 싶어 맛보기를 그만해야 했다.

호산춘은 500년 된 술맛이라 해도 과언이 아니다. '팔진사 팔천석'은 이미 옛말이 돼버렸지만, 그럼에도 호산춘의 명성은 오늘날에도 변함이 없다. 변치 않는 술맛을 지켜온 사람들, 돈을 벌려는 욕심보다 술맛을 지키는 욕심을 부렸던 사람들이 대를 이어 살아왔기 때문이다. 호산춘은 20년 전에도 1만 원(700㎖)이었고 지금도 1만 원이다. 20년 전 가격을 그대로 유지하기가 쉽지 않았을 터인데, 그것마저도 호산춘의 고집이 돼버렸다. 호산춘은 500년 가문 대대로 지켜 내려온 오롯한 고집과 명예가 살아 있는, 그리고 풍류가 멋들어지게 숨어 있는 술이다. 문득 "확고한 정신이 없으면 부와 명예가 멀리 가지 못한다"는 황규욱 씨의 한마디가 귓전을 스친다.

 호산춘

주소 문경시 산북면 대하리 460번지 **전화** 552-7036, 011-545-3029
호산춘은 양조장에서만 판매하는 술이다. 필요에 따라 빚는 술이기 때문에 양조장에 가도 살 수 없는 경우가 있다.
호산춘을 사려면 미리 연락해 술이 있는지 확인을 하는 것이 좋다.

 찾아가는 길

중부내륙고속도로 점촌함창IC → 상주 방면 3번국도 우회전 → 대조교차로에서 문경시청 방면으로 좌회전 →
남산로에서 우회전 → 영강대로에서 좌회전 → 추산로에서 산북 방면으로 좌회전 → 봉정삼거리에서 59번국도 산북 방면
→ 산북면소재지를 지나 약 1km 못 미쳐 호산춘

 참고문헌

《산림경제》, 《성호전집》, 《주당천리》(2007년), 〈특주, 호산춘〉(한겨레21 565호)

  **맛있는 레시피**

| 호산춘 레시피 |

① 멥쌀을 하루 정도 불린 뒤 고두밥을 찌고, 누룩가루를 잘 섞어 독에 넣어 밑술을 만든다.
② 밑술이 익을 즈음 찹쌀에 생솔 잎을 깔아 백설기를 찐다.
③ 거칠게 갈아낸 백설기에 누룩가루를 섞어 덧술을 만든 뒤 밑술을 섞어 발효통에 담는다.
④ 약 20일 정도 숙성시킨 뒤 잘 익으면 광목자루에 담고 1차 여과시킨다.
⑤ 종이필터로 2차 여과한다. ⑥ 여과되어 나온 술을 30~60일 정도 숙성시킨다.

 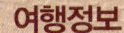

추천여행코스

문경도자기전시관 ⇨ 새재묵조밥 ⇨ 문경새재 트래킹
(옛길박물관–KBS촬영장–주흘관–조곡관) ⇨ 숙박 ⇨ 진남교반
⇨ 철로자전거 ⇨ 석탄박물관 ⇨ 호산춘 ⇨ 김용사

여행정보

① **문경도자기전시관(새재묵조밥)** 문경도자기전시관은 문경지
역에 발달, 계승되어온 도자문화를 한눈에 엿볼 수 있을 뿐
아니라 도자기만들기 일일체험을 할 수 있다.

② **문경새재** 명승 제32호로 지정된 문경새재는 조선 태종 때 개
척된 길로 영남에서 한양으로 가기 위한 가장 빠른 길이자 가
장 큰 길이었다. 문경새재 입구의 옛길박물관과 KBS촬영장
도 둘러볼 만하다.

③ **진남교반과 고모산성** 진남교반은 기암절벽이 어우러진 경북
팔경 중 제1경으로 손꼽힌다. 고모산성 정상에서 제대로 된
진남교반의 풍경을 볼 수 있고, 영남대로의 옛길 중 하나인
토끼비리도 걸어볼 수 있다.

④ **문경철로자전거** 석탄을 실어 나르던 가은선 폐철로를 이용한
우리나라 최초의 철로자전거다. 철길을 따라 시원한 풍경이
펼쳐진다. 진남역, 불정역, 가은역에서 각각 운행한다.

⑤ **문경석탄박물관** 옛 은성광업소에 개관한 박물관으로 연탄
모양의 외관이 독특하다. 모노레일을 타고 가은오픈세트장
을 둘러볼 수 있다.

⑥ **김용사(호산춘)** 운달산 남쪽자락에 자리 잡은 김용사는 운
달계곡과 숲이 조화롭게 어우러진 아름다운 사찰이다. 경내
에는 조선시대 때부터 잘 보존되어 있는 300년 된 해우소
가 남아 있다.

맛집

문경새재 인근에는 약돌돼지구
이로 유명한 새재할매집(571-
5600)이 있고, 향토음식으로
지정된 약돌한우오미자떡갈비
를 내는 하초동(571-7977) 등
이 있다.

숙소

문경관광호텔(571-8001), 새재
스머프마을(572-3762), 불정자
연휴양림(552-9443), 불정역 펜
션열차(639-2048)

용궁에서 먹는 쫄깃하고 담백한
용궁순대

오랜 역사만큼이나 서민들의 애환이 진하게 스며들어 있는 음식 중 하나가 바로 순대다. 시장에서 김이 모락모락 나는 순대를 보면 군침이 절로 흐른다. 출출할 때나 술 한 잔 생각날 때 떠오르는 가장 대중적인 간식이자 술안주이다. 순대의 역사가 깊은 만큼 각 지역에서 특화된 순대를 맛볼 수 있는 요즘인데, 용궁에서 맛볼 수 있는 특별한 순대가 있다. 바닷가 용궁이라면 더 좋겠지만 아쉽게도 아니다. 예천군 용궁면이라는 지역에서 만드는 쫄깃쫄깃하고 영양이 풍부한 막창순대가 바로 그것이다.

글 · 사진 | 문일식

순대의 역사는 순대만큼이나 길다.

'소나 돼지의 창자 속에 여러 재료를 소로 넣어 삶거나 쪄서 익힌 음식'이 바로 순대다. 예로부터 배를 채우고 고기 맛을 전해주던 음식이다. 우리나라 고서에도 자주 등장하는데, 순대에 대한 기록은 중국의 현존하는 가장 오래된 농업기술서인《제민요술》에 가장 먼저 등장한다.《제민요술》에는 "양의 피와 양고기 등을 다른 재료와 함께 양의 창자에 채워 넣어 삶아 먹는 방법이 있다"고 기록되어 있다. 광활한 제국을 건설한 칭기즈칸은 기동력을 높이기 위해 휴대용 전투식량을 이용했는데, 이때 순대와 비슷한 음식이 육포와 함께 등장한다. 짐승의 창자에 쌀과 야채를 섞어 넣은 뒤 말린 게 바로 그것이다. 식량을 휴대해 보급을 줄이고, 기동력을 높여 대제국을 건설하는 데 기여했던 것이다.

우리나라 고문서에도 다양한 순대 조리법이 소개되어 있다.《규합총서》와《증보산림경제》에는 소, 닭, 꿩고기를 이용한 순대가 기술되어 있고, 특히《규합총서》에는 소창자에 소를 넣고 쪄서 만드는 쇠창자찜이 전해진다.《음식디미방》에는 개의 창자를 이용한 순대가,《시의전서》에는 민어의 부레에 소를 넣어 삶아 익힌 어교순대를 만드는 방법이 나와 있는 점이 특별하다. 특히《시의전서》에는 돼지창자에 선지, 숙주, 미나리, 무, 두부, 배추김치 등을 넣는 오늘날의 순대 모습을 보여주기도 한다.

순대는 짐승의 부산물을 이용해 배를 채워주고, 고기 맛을 전해주기도 하며, 함경도나 평안도 등 추운 지방에서 지방을 섭취하고 추위를 이기는 음식이다. 순대의 재

로로는 대체로 곡류와 함께 비타민과 무기질이 풍부한 야채와 두부 등이 골고루 들어가기 때문에 영양이 담뿍 담겨 있을 뿐 아니라 선지가 들어가서 훌륭한 철분 공급원 역할을 하기도 한다.

우리나라는 지방마다 순대 속을 채우는 방법과 맛이 다르다. 병천순대, 백암순대, 아바이순대, 그리고 오징어를 이용한 오징어순대까지 다양하다. 그리고 그 지방에 가야만 먹을 수 있는 순대도 있다. 예천의 용궁면에서 만드는 용궁순대는 소창과 대창을 이용하는 다른 지역과는 다르게 막창을 사용해 순대를 만든다. 돼지 막창은 여러모로 경제성이 떨어진다. 같은 돼지의 부산물인 소창과 대창에 비해 나오는 부위가 적고 가격도 비싸다. 하지만, 막창으로 만든 순대는 두꺼워서 삶아도 잘 터지지 않으며, 쫄깃하고 담백한 맛이 가히 상상을 초월할 정도다.

막창을 이용해 쫄깃함이 살아 있는 용궁순대

흥부네토종한방순대의 양옥자 씨는 시어머니인 황해옥 씨의 막창순대 비법을 전수받아 7년째 운영하고 있다. 용궁순대를 잘 만들기로 유명한 황해옥 씨는 순대뿐 아니라 음식 하는 손맛이 뛰어났다고 한다. 황 씨는 문경 산북에서 시집와 순대 만드는 법을 배웠다. 특히 손맛이 좋아서 잔칫집이나 초상집에서 음식장만을 도맡아 했다. 한번 일을 다녀오면 돈으로 받기보다 담배나 속옷 등 물건으로 받아왔단다. 양옥자 씨는 일을 다녀온 시어머니로부터 속옷 선물을 받은 적이 있다며 웃음보를 터트렸다. 잔치가 벌어지면 돼지를 잡게 마련인데, 돼지의 부산물인 내장을 이용해서 만드는 순대가 특히 맛이 좋았다. 이때 만들어진 막창순대

는 대부분 손님 접대용으로 나갔고, 허드렛일을 하는 사람들은 대창을 만든 순대를 먹거나 손님이 남기고 간 순대를 먹었다고 한다. 당시만 하더라도 먹을 게 귀했던 시절이라 돼지의 허파나 간도 구워 먹었다고 하니 어쩌면 순대는 당연히 만들어져야 했던 음식임이 틀림없다.

주변에서 식당을 내라는 권유도 있었지만 남편의 반대로 할 수 없었고, 어렵사리 생계를 유지해야 했다. 결국 현재 둘째 며느리인 양옥자 씨에게 권유하여 시작한 것이 지금에 이르고 있다. 현재 식당을 운영하는 양옥자 씨는 시어머니의 손맛과 양념을 아끼지 않는 넉넉함과 정성을 보고 망설임 없이 가게를 열었다고 한다. 지금도 황해옥 씨는 순대 양념을 만드는 일만큼은 직접 참여하고 있다.

흥부네토종한방순대는 돼지 막창에 양배추, 찹쌀, 당면, 고추, 양파 등 10여 가지의 풍부한 양념이 들어간다. 깻잎과 미나리도 막창의 잡냄새를 잡기 위해 넣는다. 막창 잡냄새와 기름기를 제거하기 위해 비법으로 전하는 2가지 한약재가 첨가되는데, 야채를 버무릴 때 곱게 빻아서 넣는다. 용궁순대는 15일에 한 번씩 만들고, 순대를 만든 다음 순대의 쫄깃함과 부드러움을 유지하기 위해 영하 30도에서 급속 냉동해 숙성시킨다. 한번 만들 때 들어가는 막창의 양만도 200kg, 대파 70단이 넘는다고 하니 어마어마한 양이다.

 용궁순대 제대로 즐기기

순대에 넣을 양념을 버무려낸 뒤 손질한 막창에 양념을 넣는데, 페트병을 잘라 막창 입구에 넣고 나무막대를 이용해 쑤셔 넣는다. 꽤 이색적이고 재밌는 광경이다. 양념은 터지는 것을 방지하기 위해 꽉 채우지 않는다. 막창에 양념을 넣고 나면 명주실로 묶는데, 마치 두툼한 소시지를 엮어 놓은 것 같다. 물에 넣어 끓여 낸 후 급속냉동 숙성된 순대는 더욱 부드럽고 쫄깃해진다. 순대 위에 새우젓 조금과 정구지(부추)를 얹고 마늘과 고추를 같이 먹으면 순대의 제맛을 느낄 수 있다.

예천 용궁순대 **105**

용궁순대 한 접시를 시키면 가격에 비해 푸짐한 양과 꽉 들어찬 양념에 한번 놀라고, 맛을 보면 또 한 번 놀라게 된다. 두툼한 막창이 쫄깃쫄깃한 식감을 그대로 전해주고, 풍부한 양념은 막창이 터질 정도로 가득하다.

용궁순대는 잔칫집에서 즐거운 마음으로 먹던 음식이었다. 시간이 흘러 용궁면의 별미가 된 요즘도 풍부한 순대의 양이나 맛은 잔칫집에서처럼 미각을 만족시키는 즐거운 시간이 된다.

 흥부네토종한방순대

주소 경북 예천군 용궁면 읍부리 153-4번지 **전화** 653-6220 **영업시간** 09:00~21:00, 연중무휴
흥부네토종한방순대는 10여 가지 양념에 선지를 버무려 넣는데도 선지의 비릿한 맛이 전혀 느껴지지 않아 누구라도 쉽게 먹을 수 있다. 막창순대를 이용한 순대전골과 순대국, 별미인 오징어 석쇠구이도 함께 낸다.

 찾아가는 길

중부내륙고속도로 점촌함창IC에서 우회전 → 대조교차로에서 문경시청 방향 좌회전 → 영강대교에서 예천, 용궁 방향으로 우회전 → 산양교 지나 용궁로에서 용궁, 회룡포 방향으로 우회전 → 흥부네토종한방순대

 참고문헌

《규합총서》, 《증보산림경제》, 《음식디미방》, 《시의전서》, 〈맛 향토음식의 산업화〉(경북매일신문)

| 용궁순대 레시피 |

① 양배추, 당면, 찹쌀, 양파 등을 잘게 썰어 담는다.
② 선지를 넣고 버무린다.
③ 물기를 뺀 두부를 넣고 다시 버무린다.
④ 선지와 버무린 양념을 막창에 넣는다.
⑤ 막창의 앞과 뒤를 명주실로 묶는다.
⑥ 양념을 채운 막창을 솥에 넣고 30분 정도 끓여낸다.

추천여행코스

예천천문우주센터 ⇨ 석송령 ⇨ 용문사 ⇨ 숙박 ⇨
회룡포 ⇨ 용궁순대 ⇨ 황목근 ⇨ 삼강주막

맛집

흥부네토종한방순대 인근에도 순대를 내는 집들이 몇 곳 있다. 토박이순대식당(653-6038), 박달식당(652-0522), 단골식당(653-6126), 두꺼비식당(653-4229).

여행정보

① **예천천문우주센터** 예천천문우주센터는 별천문대와 가변중력체험장치, 우주자세 제어체험장치 등 우주환경체험관이 있어 생생한 우주체험과 천문관측을 즐길 수 있다.

② **석송령** 수령 600년이 넘는 거목으로 600년 전 풍기지방 홍수로 떠내려온 소나무를 건져 심은 게 지금에 이른다고 한다. 석송령은 세금을 내는 나무로 유명해졌다.

③ **용문사** 신라 경문왕 때 두운대사가 창건한 천년고찰로 보물로 지정된 대장전 내부에 윤장대가 남아 있다. 윤장대는 내부에 불경을 넣고 손잡이를 돌리면서 극락전토를 기원하던 도구로 용문사를 대표하는 문화유산이다.

④ **회룡포(용궁순대)** 내성천이 흐르는 회룡포마을은 전형적인 물도리마을이다. 장안사를 거쳐 회룡포전망대에 이르면 마을과 물길이 휘감아 도는 장관이 한눈에 내려다보인다. 회룡포 인근에는 내성천을 건너는 뿅뿅다리도 만날 수 있다.

⑤ **황목근** 용궁면 금남리에 있는 수령 500년의 팽나무로 마을을 지켜주는 당산목이다. 5월에 노란 꽃을 피운다하여 황씨 성과 근본이 있는 나무라하여 목근이라는 이름을 얻었다.

⑥ **삼강주막** 삼강주막은 내성천과 금천, 낙동강이 합수되는 삼강나루에 있던 우리나라 유일의 주막이다. 2006년 마지막 주모였던 유옥련 할머니가 돌아가시고 난 뒤 다시 복원되었다.

숙소

회룡포여울마을(655-7120), 학가산 우래자연휴양림(652-0114), 파라다이스호텔(652-1108) 등이 있다.

죽도 밥도 아닌 향수 가득한 음식
김천 갱시기

우리들 밥상에 오르는 음식들은 저마다의 역사를 지니고 있다. 그중엔 세월을 따라 모습이 변한 음식도 있고, 처음 만들어진 모습 그대로 지금껏 전해지는 음식도 있다. 야채를 소금에 절여 먹던 침채가 변하여 김치가 된 것이 대표적인 예. 김치는 그 자체로도 훌륭한 음식이지만 다른 음식과 궁합을 맞춰 함께 먹을 때 더욱 그 빛을 발한다. 김치가 더해지면서 음식이 더욱 맛깔스러워지는 것. 배고픔을 이기기 위해 온 식구가 죽을 쑤어 먹던 갱시기도 그런 음식 중 하나다.

글 · 사진 | 문일식

어려웠던 시절의 동반자, 김천 갱시기

갱시기 또는 갱죽은 갱식(羹食)에서 나온 말이다. 갱은 제사 지낼 때 무와 다시마 등을 넣어 끓인 국을 말하는데, 물이나 국에다 밥을 넣고 끓이는 죽이라 갱죽이라 불리었다 한다. 갱죽의 '갱'을 '다시 갱(更)'으로 쓰기 때문에 한 번 밥이 된 것을 다시 끓인다 하여 갱죽이라는 이야기도 있다. 이야기야 어찌 됐든 간간한 무청김치나 묵은김치를 주재료로 보리밥과 기타 부식재료 등을 넣어 끓인 음식이니 그 의미는 거의 같다.

갱시기 또는 갱죽은 경북 서북부지방에서 오래전부터 보릿고개를 넘기 위해 먹었던 음식이자 개발을 부르짖던 60~70년대의 어려웠던 시절을 대표하는 서민음식이다. 우리네 아버지가 먹었던 음식이고, 그 아버지의 어머니가 가족을 위해 끓였던 음식이니 기억하는 사람들의 이야기만으로도 오래전부터 전해 내려오는 음식인 것을 알 수 있다.

1970년대 이전에는 갱시기를 별식이 아닌 주식으로 더 많이 먹었다. 많은 가족들이 배를 곯지 않고 하루를 보내기에 갱시기가 제격이었기 때문이다. 먹을거리가 부족해서 음식의 양을 늘려 먹기 위한 하나의 방법으로 죽을 선택했다. 보릿고개를 넘기는 구황음식이기도 했다. 힘들었던 시절, 서민들이 만들어낸 지혜인 셈이다. 갱시기 한 그릇을 먹는 순간은 배가 부르지만, 금세 꺼져버린 배를 움켜쥐고 기나긴 밤을 보내야 했던 사람들에게는 추억의 음식이 아닌 말 그대로 '징글징글'한 음식이다.

이경식 씨는 한 끼 식사로 손색없을 만큼
영양이 듬뿍 담긴 웰빙 갱시기를 만든다.

갱시기로 보릿고개를 넘기지 않아도 된 것은 1970년대로 접어들면서이다. 80~90개의 낱알이 열리던 기존의 벼를 대신해 130~140개의 낱알이 열리는 통일벼가 보급된 것이다. 40% 이상의 식량증대가 이뤄져 서민들의 삶이 조금씩 나아졌다. 이후 갱시기는 주식에서 별식으로 바뀌게 되었고, 생활이 어려워서 먹는 음식이 아닌 웰빙 건강식, 과음 후 속풀이 해장식으로 변모했다. 불과 30년 전만 해도 먹기 싫어도 어쩔 수 없이 먹어야 했던 음식이 이제는 찾아가야 맛볼 수 있는 음식이 된 것이다.

요즘 만드는 갱시기는 예전에 비해 훨씬 더 고급 재료를 사용한다. 집에서도 만들어 먹을 수 있는 간편한 음식으로 노태우 전 대통령이 청와대에서도 자주 먹었다고 한다. 갱시기를 아는 애주가들은 술 마신 다음 날 속풀이 음식으로도 갱시기가 으뜸이라 한다. 해장음식으로 그만큼 탁월한 것이 없다고.

갱시기(경식이)가 만들어 내는 갱시기

김천을 찾아 갱시기를 먹으려면 김천포도로 유명한 대항면을 찾아가야 한다. 향천리 경부선 철길 옆에 자리한 '기찻길 옆 오막살이'가 그곳. 이경식 씨가 갱시기를 내게 된 것은 10년 전 부터다. 친구들과 모임이 있는 날이면 이튿날 친구들을 위해 갱시기를 끓여 냈는데, 어릴 적부터 많이 먹었던 음식이지만 속풀이에도 그만인 갱시기로 친구들의 속을 달래주었던 것. 친구들의 권유로 갱시기를 메뉴에 넣고 난 다음, 속쓰림을 위해 갱시기를 찾는 사람늘이 많아졌다.

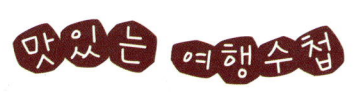 

갱시기 제대로 즐기기

갱시기는 예나 지금이나 변함이 없는 것이 있다. 소화가 잘 돼서 배가 금방 꺼진다는 것이다. 뻥튀기처럼 부풀린 음식이기 때문에 꽤 많은 양인 듯하지만 모두 다 먹어야 든든하다. 식으면 퍼지기 때문에 식기 전에 빨리 먹는 것이 좋다. 단, 열기를 식혀 먹어야 한다. 그렇지 않으면 입천장을 데이기 일쑤이다.

기찻길 옆 오막살이의 주인 이경식 씨가 갱시기를 만드는 데는 필연 같은 우연이 담겨 있다. 주인의 이름을 경상도 식으로 발음하면 말 그대로 '갱시기'가 되는 것. 이런 우연은 많은 에피소드를 만들어 낸다고. 그 중 하나가 몇 해 전 갱시기로 TV에 출연했을 때의 일이란다. TV 프로그램이 방영된 후 친구들로 부터 숱한 전화를 받았다. 내용은 "갱시기가 갱시기를 만든다"는 놀림이었다. 이 일로 경식 씨는 갱시기라는 음식이 자신과는 떼려야 뗄 수 없는 음식이라는 생각을 갖게 되었다며 너털웃음을 웃었다.

이경식 씨가 만들어내는 갱시기는 어려웠던 시절 먹었던 그 갱시기는 아니다. 추억의 음식이지만 한 끼 식사로 손색없을 만큼 영양이 듬뿍 담긴 웰빙 갱시기를 만든다. 갱시기의 주재료인 김치는 젓갈을 많이 넣지 않고 삼삼하게 담가 항아리에 넣어 익힌 뒤 사용한다. 보리밥 대신 불린 찹쌀을 사용하는 것도 달라진 점이다. 껄끄러웠던 옛 맛을 부드럽게 바꾸기 위해 찹쌀을 선택한 것이다. 불린 찹쌀은 프라이팬에 살짝 볶은 뒤 김치를 넣고 다시 볶아 사

 맛있는 레시피

| 갱시기 레시피 |

① 불린 찹쌀과 김치를 프라이팬에 넣고 볶는다.
② 10가지의 한약재를 넣고 12시간을 끓인 육수를 넣는다.
③ 어느 정도 끓으면 콩나물, 소면, 수제비, 버섯, 감자 등을 넣고 저으면서 30여 분 정도 끓여 낸다.

용한다. 이 과정은 찹쌀에 고소한 맛을 더해주고, 김치의 양념이 쌀에 쏙쏙 베게 하는 역할을 한다.

그 다음 육수를 넣는다. 갱시기에 들어가는 육수는 제법 독특하다. 묵은 김치에 밥과 부식재료를 넣어 끓이는 게 전부였던 옛날 방식과 달리 시원한 국물을 내는 멸치와 다시마는 물론 오가피, 엄나무, 감초, 두충나무 등 10여 가지의 한약재를 넣는다. 육수는 하루도 거르지 않고 아침부터 12시간을 끓여 다음날 사용한다. 김이 모락모락 나는 갱시기 한 그릇이 완성되는 데 꼬박 이틀이 걸리는 것이다. 그만큼 많은 정성이 담긴 음식이 한 그릇의 죽, '갱시기'다.

 기찻길옆오막살이

주소 김천시 대항면 향천리 860-5번지 **전화** 436-3399 **영업시간** 10:00~24:00, 연중무휴
기찻길 옆 오막살이는 말 그대로 경부선이 지나는 기찻길 옆의 전원카페로 14년째 운영 중이다. 갱시기 뿐 아니라 갱시기를 만들 때 쓰이는 10여 가지 한약재를 넣어 만든 육수를 이용해 약닭을 내기도 한다.

 찾아가는 길

경부고속도로 추풍령IC에서 김천 방면으로 우회전 → 광천사거리에서 김천 방향으로 우회전 → 덕천사거리에서 직지사 방면으로 우회전 → 복전교 → 황악로 → 기찻길옆오막살이

 참고문헌

《이 맛에 산다》(2007년, 오늘의문학사), 〈구정물 한 양동이, 갱죽 한 사발〉(한겨레21 490호)

여름을 무난히 넘기는 술
김천 과하주

경북 김천에는 여름을 나는 술이 있다. 여름을 난다고 하니 문득 술을 마시면 더위를 이기고, 건강해질 거라는 생각이 든다. 술을 좋아하는 애주가라면 쌍수를 들어 환영할 술이지만, 아쉽게도 여름을 나는 주체는 사람이 아니라 술이다. 여름에 쉽게 상하는 술, 어떻게 하면 여름을 보내면서 마실 수 있을까? 오래 전부터 거듭된 고민은 과하주를 탄생시켰다. 여름을 능히 넘기는 술, 우리 조상의 멋들어진 지혜가 숨어있는 과하주의 비밀을 파헤쳐 본다.

글·사진 | 문일식

과하주의 비결은 바로 물맛

　과하주는 김천을 중심으로 전국에서 빚어지던 유명한 술이었다. 조선시대에는 맛과 향이 뛰어난 전북 여산(현재 익산의 옛 지명) 호산춘과 어깨를 나란히 할 정도로 명성이 자자했다고 한다. 왕실에도 진상된 술이자, 상류 사대부들이 귀빈접대용으로 즐겨 마시던 조선 명주 중의 명주다. 과하주는 과하천의 샘물로 빚었다고 전해진다. 1702년에 쓰인 『금릉승람』에는 과하주와 과하주의 근원이 되는 샘물의 이야기가 전한다. 예로부터 샘에서 금이 났기 때문에 금천이라 불렀고, 샘물로 술을 빚으면 맛과 향이 기가 막혀 주천이라 부르기도 했다. 임진왜란 때 명나라 군대가 김천을 지닐 때의 일이다. 명나라 장수 이여송이 샘물 맛을 보고 중국 금릉 땅의 과하천 물맛과 같다며 칭송을 아끼지 않았다고 한다. 그 뒤로 이 샘물을 과하천이라 불렀는데, 이 물로 빚어낸 술이 과하주다. 많은 사람들이 과하주 빚는 법을 배우기 위해 김천을 찾았지만 같은 방법으로 빚어도 다른 지역에서는 그 맛이 나지 않았다고 하니 과하천의 물맛이 얼마나 뛰어난지 짐작할 수 있다.

　일제강점기 때인 1935년 조선총독부에서 펴낸 『조선주조사』는 술의 종류와 제조법, 생산과 거래에 이르기까지 우리나라 주류업 전반에 관해 기술된 책이다. "과하주는 미림(소주에다 찐 찹쌀과 쌀누룩을 가하여 양조한 조미료로서 달콤한 술의 일종) 형태의 단맛이 있는 조선주로, 주정분이 30도 내외이며 여름철에 마시는 음료라고 할 수 있는 술과, 주정분이 13~14도인 소위 고급음료의 술이 있다. 주정분 13~14도의 술은 조선의 고급음료로, 좋은 술이다." 마찬가지로 일
제강점기 때인 1938년에 펴낸 《주조독본》에도 "고래로 김
천 과하주는 가장 유명한 술이다"라는 말로 시작해 두 가
지 과하주를 빚는 방법이 나와 있다. 일제강점기 때만 해
도 과하주를 빚는 술도가들이 많았다고 한다. 특히 김천주
조에서 과하주를 빚어왔는데 광복 이후 주세법이 바뀌면서
술을 빚기가 더욱 힘들어졌고, 그 이후로 아쉽게도 잊혀진
술이 되고 말았다.

　수십 년이 지나 세간에 잊혀져간 과하주는 1980년대 들
어서면서 원래의 모습으로 화려하게 부활했다. 과하주가
부활하게 된 데에는 현재 김천민속주를 운영하고 있는 송
강호 씨의 부친인 고 송재성 씨의 지대한 노력이 있었다.
1982년 정부는 서울올림픽 개최를 통해 한국의 문화를 알
리는 방편으로 민속주를 개발하라는 지시를 내린다. 당
시 김천 문화원장이었던 고 송재성 씨는 잊혀졌던 김천의
술, 과하주를 떠올렸다. 그는 일제강점기 때 치과의사
로 병원을 운영했는데 병원 건너편에는 과하주를 대
량생산하던 김천주조가 있었다. 가까운 친척이 김
천주조에 근무했던 까닭에 과하주 빚는 방법을 자
주 접했다고 한다. 조선시대는 물론이고 일제강점
기 때만 하더라도 유명세를 떨쳤던 술이었기 때
문에 광복 이후로 소리 없이 사라져버린 과하주
야 말로 복원해야할 최고의 민속주라 생각했던
것이다. 그는 과하주 복원을 위해 과하주 기
능보유자인 고 조무성 씨와 함께
3년 동안의 연구와 재현을 거
듭한 끝에 과하주를 되살리는
데 성공했다.

여름을 나는 술, 과하주

　과하주는 두 종류로 빚어지는데 16도 약주와 23도 혼성주로 나뉜다. 16도 약주는 오로지 찹쌀과 누룩으로만 빚어지는 술이며, 경북 무형문화재 제11호로 지정되어 있다. 과하천 물에 하루 정도 담가둔 찹쌀로 찐 고두밥과 과하천 물로 체를 친 누룩찌 꺼기를 섞어 만든 누룩 떡을 항아리에 넣어 쌓은 뒤 밀봉하고 약 30일 동안 저온숙성 하면 술이 완성되는데, 이 술이 전통적인 방식으로 빚어진 과하주다. 지금은 옛 술맛 과 가장 근접한 방법으로 변형해 술을 빚고 있다. 약주를 내린 뒤 반드시 저온숙성과 정을 거치는데, 항상 18℃를 유지하며 꼬박 100일을 숙성한다. 이 공정은 과하주를 빚는데 가장 중요한 철칙 중의 하나다.

　과하주는 여름을 나는 술로 알려져 있다. 16도 약주 외에 23도로 빚어지는 술이 여름을 나는 술, 과하주다. 약주는 여름이면 술 안의 미생물이 번식해 쉽게 상하고, 보관이 어렵다. 일반적으로 알코올 도수가 20도를 넘어가면 미생물이 살 수 없다고 한다. 이 점을 이용해 약주와 소주를 혼합해 숙성과정을 거쳐 나오는 술이 바로 23도 과하주다. 찹쌀과 누룩을 섞어 발효시킬 때 소주를 넣어 숙성시키는 전통방식이 있지만, 지금은 증류기를 이용한다. 과하주 양조장에는 23도의 혼성주를 만들기 위한 감압증류기가 있다. 약주에 섞는 증류소주를 만들기 위해서다. 증류소주를 만들 때 100℃로 끓이면 탄내가 나 술의 품질이 떨어진다고 한다. 감압증류기를 이용하면 진

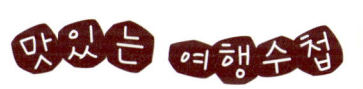

과하주 제대로 즐기기

과하주를 만들었던 과하천은 현재 남산동에 자취가 남아 있다. 경북 문화재자료 제228호로 지정된 과하천은 일제강점기 때까지만 해도 이 물로 과하주를 빚었다고 하는데, 지금은 철문으로 굳게 닫혀 있어 아쉬움이 남는다. 우물 뒤편 벽에 1882년(고종 19년)에 '금릉주천'이라 새긴 돌이 남아 있어 옛 과하주의 명성을 짐작할 수 있다. 현재의 과하주는 지하 180m에서 퍼올린 지하암 반수로 만드는데, 철분, 칼슘, 인 등 발효를 저해하는 요인을 없애기 위해 지하수를 하루 정도 숨을 죽인 뒤 사용한다.

공상태에서 50℃만 되도 끓기 때문에 좋은 품질의 증류소주를 얻을 수 있다고 한다.

과하주는 약주와 혼성주의 두 가지 얼굴을 가지고 있다. 약주는 살짝 코를 자극하긴 하지만, 뒷맛이 부드럽고, 구수함이 전해진다. 혼성주는 목과 코를 자극하는 앙칼진 소주의 맛을 지니고 있지만, 약주의 달큰한 본성을 그대로 지니고 있다. 여름을 나는 술이었으니 약주의 장점과 소주의 장점이 그대로 살아 있다. 뛰어난 물맛으로 빚어진 술이자 여름을 나는 술이었으니 과하주를 좋아하는 사람들은 푹푹 찌는 여름이 오히려 더 행복하지 않을까?

 김천민속주

주소 김천시 대항면 향천리 791-1 **전화** 436-4461~2
김천민속주는 과하주 양조장과 과하주 전수실을 갖추고 있다. 양조장에서 과하주를 직접 구매할 수 있다.
과하주 전수실에는 전통방식으로 과하주를 빚을 때 사용한 재료와 장비들을 전시해 놓고 있다.

 찾아가는 길

경부고속도로 추풍령IC에서 김천 방면으로 우회전 → 광천사거리에서 김천 방향으로 우회전 → 덕천사거리에서 직지사 방면으로 우회전 → 향천1길에서 직지사 방면으로 우회전 → 향천로에서 영동·황간 방면으로 우회전 → 김천민속주

 참고문헌

《금릉승람》(1702년), 《조선주조사》(1935년), 《주조독본》(1938년), 《금릉향토사》(1969년)
《풍경이 있는 우리 술 기행》(2001년, 웅진닷컴)

  맛있는 레시피

| 과하주 레시피 |

1️⃣ 누룩과 찹쌀을 섞어 밑술을 담근다(누룩은 상주곡자를 사용).
2️⃣ 3일간 발효시킨다.
3️⃣ 찹쌀 고두밥과 물로 덧술을 만든다.
4️⃣ 18℃로 30일 정도 저온 숙성시킨다.
5️⃣ 여과기로 술지게미를 걸러낸 후 숙성실로 옮겨 100일 정도 숙성시킨다.

추천여행코스

직지사 ⇨ 백수문학관, 세계도자기박물관 ⇨ 직지문화공원 ⇨
갱시기 ⇨ 과하주 ⇨ 옛날솜씨마을 ⇨ 청암사

여행정보

① **직지사** 직지사는 아도화상이 창건한 것으로 알려진 천년고찰
이다. 임진왜란 때 승군을 이끌었던 사명당이 출가한 사찰이
라 하여 불탄 뒤 광해군 때 다시 지어졌다. 비로전에는 전각
에 들어서서 첫눈에 벌거벗은 동자상을 보면 옥동자를 낳는
다는 전설이 전해진다.

② **백수문학관과 세계도자기박물관** 직지사 앞뒤로 나란히 위치
해 있다. 백수문학관은 현대시조의 선구자인 백수 정완영 선
생의 생애와 업적을 돌아보는 문학공간이고, 세계도자기박물
관은 세계의 진귀하고 아름다운 도자기와 크리스털 도자기를
전시한 공간이다.

③ **직지문화공원** 직지사 입구에 조성된 문화공원으로 원형 음악
분수와 각종 조각작품, 시편 등이 곳곳에 자리 잡고 있다. 산
책을 즐기며 휴식하기 좋은 명소다.

④ **옛날솜씨마을** 주민 모두 한 가지씩 옛 솜씨를 간직하고 있다
하여 붙여진 옛날솜씨마을은 수도산 자락에 자리 잡고 있다.
짚풀공예, 천연염색 등 다양한 체험과 전통놀이, 전통음식체
험 등을 즐길 수 있다.

⑤ **청암사** 불령산의 푸른 기운을 머금은 청암사는 신라 말 도선
국사가 창건한 천년고찰이다. 조선 숙종 때 인현왕후가 기도
를 하며 머물렀던 곳이기도 하다. 경내로 진입하는 숲길과 계
곡이 아름다운 곳이다.

맛집

직지사 주변에는 산채비빔밥을
전문으로 부일산채식당(436-
6037), 경동산채식당(436-
6029) 등이 있다. 지례면은 예
로부터 토종 흑돼지로 유명한
곳이다. 장영선 원조지례삼거리
불고기(435-0067), 지례식육점
식당(435-0011) 등 지례면 소재
지 내에 흑돼지 전문식당이 많
이 들어서 있다.

숙소

직지사 주변에는 김천파크관광
호텔(437-8000), 알프스산장
모텔(437-8933), 쉘모텔(436-
6878) 등이 있다.

물맛이 살려낸 전통의 막걸리
은자골탁배기

운명과 인연은 인생의 가장 드라마틱한 삶을 만들고, 사물을 생존과 소멸의 기로에 세우기도 한다. 막걸리를 빚는 양조장은 1980년대로 접어들면서 쇠락했다가 '막걸리 열풍'이 불면서 다시 한창 주가를 올리고 있지만, 3대째를 이어온 은척양조장은 10여 년 전 선택해야만 했던 우연한 인연으로 은자골탁배기로 새롭게 거듭났다. 막걸리 열풍이 불기도 전, 은자골탁배기에는 어떤 운명의 순풍이 불었던 걸까?

글 · 사진 | 문일식

양조장의 운명을 바꿔 놓은 은자골탁배기의 물맛

탁배기는 탁주의 경상도 사투리다. 탁주는 가주, 농주로 불리며 서민들을 대표하는 술로 자리매김해왔다. 오랜 전통을 간직한 은자골탁배기 역시 사람들의 삶의 애환을 그대로 담고 있다. 은자골탁배기는 1994년 작고한 이동영 씨를 시작으로 며느리이자 현재 사장인 임주원 씨와 그녀의 아들인 이재희 씨로 3대째 이어지고 있다.

은자골탁배기의 역사는 1940년대로 거슬러 올라간다. 임주원 씨의 시아버지인 고 이동영 씨는 막걸리에 애착이 참 많았다고 한다. 당시 매형이 운영하던 양조장의 막걸리 맛에 반해 고교시절부터 양조장을 드나들며 틈틈이 제조법을 배웠다. 21살 때부터 막걸리를 빚기 시작했는데, 맛이 좋아 주변의 입소문이 자자했다고 한다. 결국 매형이 수십 년 동안 운영했던 양조장을 통째로 넘겨받아 본격적으로 술을 빚기 시작한 것이 은척양조장의 시작이다.

막걸리 맛이 좋다 보니 전해지는 에피소드도 많다. 이웃 주민들이 양조장 앞에서 술판을 벌이다가 술에 취하자 리어카를 가져와 실어가기도 하고, 쌀을 가져와 술로 바꿔가기도 하고, 한국전쟁 땐 막걸리 맛을 본 인민군이 양조장의 막걸리를 금세 동내고 막걸리를 더 빚어내라며 행패를 부리기도 했다 한다. 고 이동영 씨에게 막걸리는 곧 밥이고 약이었다. 늘 막걸리가 몸에 좋다며 공복에 한두 잔씩 마셨다. 이재희 씨도 할아버지를 따라 공복에 한 잔씩 마시다 취해서 잠든 적이 한두 번이 아니었다고 한다.

1980년대 들어서면서 양조장 운영이 어려워지기 시작했다. 소주와 맥주의 판매량이 늘면서 막걸리를 찾는 사람들이 서서히 줄어들었기 때문이다. 1994년 시아버지가 작고한 뒤 양조장을 며느리인 임주원 씨가 이어받았다. 양조장이 사양길에 접어들자 임주원 씨는 양조장을 팔려고 내놓았고, 당시에는 다니던 교회에 헌금을 내면서까지 양조장이 팔리기를 절실히 기도했다고 한다. 한번은 양조장을 사려는 사람이 나타났다. 1억 원에 양조장을 내놨는데 9천 500만 원에 팔라고 했지만, 양조장의 최소한 자존심이라는 생각에 제의를 거절했다고 한다.

은척양조장이 은자골탁배기로 거듭나게 된 것은 경북대 미생물학 교수와의 우연한 만남 때문이다. 한번은 미생물학 교수가 버섯 농가를 둘러보기 위해 은척면에 왔다가 우연히 임주원 씨 집에 들르게 되었다. 마침 날도 덥고 해서 물을 한 잔 권했는데, 물을 마셔본 교수가 '막걸리 만드는 데 가장 적합한 물'이라며 물맛에 대해 극찬을 했고, 이어 막걸리는 단순한 술이 아니라 우리 고유의 전통 발효음식이라며 술에 대한 이야기를 들려주게 된 것이다. 당시 음료나 과일을 낼 수도 있었는데, 시원한 물을 먼저 낼 생각을 했다고 한다. 아마도 은자골탁배기를 위한 운명적인 선택이 아니었을까? 임주원 씨는 이때부터 막걸리에 대해 새롭게 생각하게 됐고 은척양조장을 다시 일으켜 세울 마음을 먹었다고 한다.

시대가 원하는 막걸리로 승부한 은자골탁배기

양조장을 본격적으로 가동하기에 앞서 효모와 막걸리에 대한 공부를 시작했다. 막걸리의 최대 단점은 뒤끝이 좋지 않고 트림하면 역한 냄새가 올라오는 것인데, 이를 개선하기 위해 술독에 빠지다시피 2년여를 보낸 끝에 은자골탁배

기가 탄생했다. 옛 방식에서는 발효과정에서 생기는 독성도 있고, 제대로 숙성되지 않은 상태로 막걸리를 마셨기 때문에 주로 뱃속에서 발효가 되었다. 이 때문에 트림이 나고 숙취가 생겨 머리가 아팠던 것. 그러나 은자골탁배기는 탁주의 텁텁하고 걸쭉한 맛이 적고, 청량음료처럼 톡 쏘는 느낌이 무척 세련되고 새로운 맛이었다. 막걸리를 마시는 동안이나 마신 후에도 막걸리를 마신 티가 전혀 나지 않고, 연거푸 들이킨 뒤에도 트림과 함께 역한 냄새도 없고, 이튿날 숙취도 전혀 없었다.

현재 은자골탁배기는 임주원 씨와 아들인 이재희 씨가 함께 운영하고 있다. 원래 임주원 씨는 양조사업이 별로 내키지 않았다고 한다. 막걸리의 시금털털한 맛도 싫었고, 특히 양조장의 위생환경이 마음에 들지 않았다. 막걸리 맛이 어떠냐는 시아버지 말에 '맛이 구정물 같다'라고 직언을 해 혼나기도 했다. 하지만, 양조장의 제조환경을 바꾸려는 의지만은 강해서 시아버지를 집요하게 설득하기도 했다고 한다. 시아버지가 외출하는 날이면 늘 양조장 대청소 날이었다. 양조장 청소를 허락 없이 하기는 했지만, 옛 모습을 고집하시던 시아버지도 윤이 나는 양조장을 보고 별말씀이 없으셨다고 한다.

임주원 씨가 은자골탁배기를 시아버지로부터 물려받은 뒤 대대적인 개보수 작업을 거쳐 지금에 이르렀다. 다만 시아버지가 사용했던 발효실인 사입실은 허름하고 튼튼

 은자골탁배기 제대로 즐기기

양조장하면 허름한 옛집과 수더분한 양조장아저씨가 가장 먼저 생각난다. 하지만 은자골탁배기를 생산하는 은척양조장은 양조장에 대한 편견을 깨기에 충분하다. 단출함을 버리지 않고 그 위에 새로움을 얹어 단장했으며, 50대 초반의 해맑은 미소를 가진 임주원 사장과 젊고 듬직한 그녀의 아들이 양조장을 이끌고 있기 때문이다. 술이 아닌 전통음식이라는 생각은 막걸리에 대한 식지 않는 자부심으로 이어진다. 모자에게서 엿보이는 넘치는 자신감은 또 하나의 아이디어로 이어졌다. 사택 옆 너른 마당에 한옥을 지을 예정이다. 이 한옥은 어느 누가 찾아와도 편하게 머무르며, 전통발효음식으로서의 막걸리가 만들어지는 과정도 둘러보고, 막걸리를 직접 만들어볼 수 있는 공간으로 만들 예정이라고 한다.

해 보이는 녹색 문 그대로다. 은자골탁배기에서 유일한 옛 모습이다. 은척양조장은 누룩을 이용해 효모를 증식시키는 주모실과 전통 발효실과 현대식 발효실 등 발효실만 3곳이 있고, 고두밥을 쪄서 말리는 공간과 저온 숙성시켜 나온 막걸리를 병입하는 자동화공간 등으로 세분되어 있다.

　은자골탁배기는 뛰어난 물맛을 자랑하는 청정한 물과 누룩, 상주에서 나는 햅쌀과 최고급 밀가루를 이용해 만든다. 상주는 쌀, 곶감, 누에가 유명해 삼백(三白)의 고장으로 알려진 만큼 상주에서 나는 햅쌀을 사용해 지역경제발전에도 단단히 한 몫하고 있다.

 은자골탁배기

주소 상주시 은척면 봉중리 311번지 **전화** 541-6409
은자골탁배기는 2005년 고양시에서 열린 대한민국 막걸리 축제에서 '가장 좋은 막걸리'로 뽑혔다. 상주산 햅쌀과 최고급 밀가루 등 우수한 원료와 독특한 발효과정으로 빚어지는 막걸리가 사람들의 입맛을 사로잡은 것이다. 현재 0.75ℓ와 1.2ℓ 두 종류로 생산된다.

 찾아가는 길

중부내륙고속도로 점촌함창IC → 나한교차로에서 상주 방면으로 우회전 → 대조교차로에서 농암 방면으로 우회전 → 지동길에서 좌회전 → 선바우로(은척 방면 901번 지방도 좌회전) → 은척교 → 은자골탁배기

 참고문헌

〈명품 막걸리 탐방〉(문화일보 2010년 1월 1일자)

| 은자골탁배기 레시피 |

① 누룩을 이용해 주모를 만든다(밑술, 약 3~4일 정도 소요).
② 고두밥을 쪄서 식힌 뒤 밑술과 섞어 항아리에 담는다(덧술).
③ 5~7일 정도 발효시킨다.
④ 거른 뒤 병입한다(재성).

 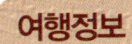

추천여행코스

임란북천전적지 ⇨ 상주자전거박물관 ⇨ 남장사 ⇨ 성주봉자연
휴양림 ⇨ 숙박 ⇨ 은자골탁배기 ⇨ 장각폭포 ⇨ 상오리7층석탑

여행정보

① **임란북천전적지** 임진왜란 당시 한양에서 출전한 순변사 이
일과 휘하 800여 명이 왜군과 싸운 전적지로 순변사 이일
은 도망가고, 의병 800여 명은 순절했다. 순절한 의병을 기
리는 사당과 객사 건물인 상산관, 태평루 등이 북천 위로 자
리 잡고 있다.

② **상주자전거박물관** 우리나라 최초의 자전거박물관이다. 전시
된 60여 대의 자전거를 통해 자전거의 변천사를 한눈에 알아
볼 수 있고, 자전거를 이용한 체험의 공간도 마련되어 있다.

③ **남장사** 신라시대 때 진감국사가 창건한 천년고찰로, 경내에
이르는 숲길이 제법 인상적이다. 사찰에서 의식을 행할 때 부
르는 불교음악인 범패가 최초로 전래된 곳으로도 알려져 있
다. 남장사 입구에 서 있는 석장승도 빼놓지 말 것.

④ **성주봉자연휴양림** 성주봉 기슭에 세워진 성주봉자연휴양림
은 산림휴양관, 숲속의집, 산림수련관과 7동의 야영데크 시
설을 갖추고 있다.

⑤ **장각폭포** 폭포 위 금란정과 노송이 어우러진 경관이 뛰어난
높이 6m의 폭포다. 풍경이 아름다워 드라마 '태양인 이제마'
'불멸의 이순신'의 촬영지가 되기도 했다.

⑥ **상오리7층석탑** 장각폭포가 있는 장각계곡을 따라 약 1.5km
정도 가다 보면 만나는 고려시대 석탑이다. 장각사라는 절이
있었던 것으로 전해지며, 보물 제683호로 지정되어 있다.

맛집

은척면 소재지에 있는 우복동식
당(541-6910)은 가정식 백반이
맛있는 곳이다. 상주시내 새지
천식당(534-6401)은 우리밀로
반죽해 만든 밀칼국수와 수육을
잘하며, 상주IC 입구의 전통옛날
손짜장(531-0188)은 쌀로 만든
자장면을 특허로 낸 곳이다.

숙소

성주봉자연휴양림(541-6512),
은자골마을(541-6182), 상주관
광호텔(530-5000), 팔레스모텔
(536-2700) 등이 있다.

PART 2

세상의 모든 맛을 누릴 수 있는 동해바다

동해권

동해바다의 최고 별미는 대게다. 영덕과 울진에서 나는 대게는 우리나라 최상의 겨울 보양식이다. 또한 포항의 물회, 보리피자는 토박이들도 좋아하는 별미다. 천년의 역사를 간직한 경주 팔우정해장국은 역사적인 스토리를 품고 있고, 교동법주는 최씨 집안의 가양주로 우리나라 명품 전통주로 손꼽힌다. 울릉도에는 오징어순대와 약초로 키운 명품 한우가 있고, 울진의 물곰탕은 숙취에 좋은 서민적인 음식이다.

바다의 신선함을 한 그릇에 담은
포항 물회

어부들의 간편식이었던 물회는 바다의 신선함을 한 그릇에 담은 특별한 음식이다. 포항식 물회는 도다리와 광어를 많이 사용한다. 초고추장에 회를 비벼 먹다 찬물을 부어 물회를 만들어 먹는 방법에서 물회가 생겨난 과정을 짐작할 수 있다. 죽도시장의 승리회식당은 물회에 대한 자부심이 대단한 집이다. 물회에 들어가는 생선은 살아 있어야 하고, 냉수 대신 육수를 사용한다. 물회용 육수 만드는 일에도 각별히 신경을 쓴다. 집고추장을 이용한 진한 양념 맛도 일품이다.

글 · 사진 | 정보상

물회의 발전 과정을 엿볼 수 있는 포항 물회

물회는 원래 어부들의 음식이었다. 풍어를 이룰 때, 숨 돌릴 틈도 없이 바쁜 어부들이 '빨리 먹을 수 있고 속도 든든한 것이 없을까' 하는 고민 끝에 만든 음식이라는 것이 정설에 가깝다. 바다가 거칠어져 고기잡이에 나서지 못하고 바닷가에서 술잔을 기울일 때는 좋은 안주가 되었고, 과음으로 속이 쓰린 아침에 싱싱한 생선살 몇 점에 고추장 몇 숟가락을 넣고 비비다 물을 넣어 마시면 해장국 노릇까지 했다.

바다의 신선함을 한 그릇 가득 담고 있는 물회는 강원도 고성 · 주문진 · 사천을 포함한 동해안과, 포항을 주축으로 한 경상도, 그리고 제주 등지에서 각각의 특색을 보인다. 간단하게 강원도식 · 경상도식 · 제주도식으로 나눌 수 있다.

강원도식 물회는 초고추장을 찬물에 녹여 만든 육수를 살짝 얼리거나 냉장시켜 사용한다. 양념을 회에 직접 비비지 않고 육수를 따로 만들어 회에 부어 먹는 것이 강원도식이라고 할 수 있다. 주 양념인 초고추장을 만들 때 들어가는 설탕 · 식초 · 마늘 등은 다분히 도시적인 맛을 낸다. 이는 서울 등 도시에서 찾아온 관광객들의 입맛에 맞추고 있기 때문이다. 가자미를 사용한 물회도 많지만 오징어가 나는 철에는 오징어 물회도 즐길 수 있다.

제주도식은 고추장이 아닌 된장을 사용하는 것이 독특하다. 제주도에서는 많은 음식의 간을 된장으로 맞추는데 이런 영향으로 물회도 된장에 비벼 찬물을 부어 먹는다. 색깔도 된장 탓에 붉은빛이 아닌 황토색에 가깝다. 제주도에서는 제주 특산물인

살아 있는 생선만을 물회에 사용한다는 박옥주 씨는
거의 매일 아침 활어 경매에 참가한다.

자리돔으로 만드는 물회가 많다. 자리돔을 뼈 채 썰어 넣고 된장을 풀어 말아먹는다. 구수하고 담백한 맛이 자리돔의 단단한 식감과 합쳐져 깊이 있는 맛을 만든다.

포항식 물회는 도다리와 광어를 많이 사용한다. 먹는 방식에서 비빔회가 물회로 발전된 과정을 발견할 수 있다. 우선 고추장 등 양념을 넣어 회와 쓱쓱 비빈 뒤 간을 먼저 보고, 먹고 싶은 만큼 비빔회로 먹은 다음 물을 부어 먹는데 이 과정이 물회의 발전 과정과 흡사하다. 비벼놓으면 무침 회, 물을 넣으면 물회가 되는 셈이다. 물횟집이 몰려 있는 죽도시장의 여러 물회 전문점에서는 매운탕도 곁들여 주는데 의외로 물회와 잘 어울린다.

싱싱한 맛을 살리는 비결은 육수와 집고추장

포항의 명소 죽도시장은 50년 전 갈대밭이 무성한 포항 내항 늪지대에 노점상들이 들어서면서 만들어졌다. 1969년 10월 죽도시장 번영회가 정식 설립되었고, 현재 점포 수가 1,200여 개에 달하는 경북 동해안 최대 규모의 재래시장이다. 죽도시장 안에 있는 승리회식당의 박옥수 씨는 35년 이상 장사를 해 온 죽도시장 지킴이다. 멍게, 해삼, 고래 고기, 문어 등 취급 안 해본 해산물이 없을 정도다.

"포항에서 물회는 일반 횟집에서 회와 함께 단골손님들에게 맛보기로 아름아름 서비스하던 음식이었습니다. 그런데 이게 점차 인기를 얻으면서 정식 메뉴로 자리를 잡았던 거죠. 메뉴에 등장한 것은 20년도 채 안 되는 것 같아요. 그리고 죽도시장의 대표 메뉴로 자리 잡은 것은 불과 5년 전입니다. 지금 포항시장이 물회 홍보에 열을 올려주었기 때문이죠."

 매운탕과 물회의 궁합

물회의 시원한 맛과 어울릴 것 같지는 않지만 얼큰한 생선매운탕과 함께 물회를 먹는 것이 뜻밖에 맛있다. 생선매운탕은 도다리나 잡어 등을 회 뜨고 남는 것들을 이용하는데 매운탕을 끓일 때 시원한 맛을 내는 무와 미나리를 넣으면 좋다. 새우나 게를 한 토막 넣으면 맛이 더 풍부해진다.

죽도시장의 간판 메뉴가 되어버린 포항물회 전문식당
박옥수 씨의 이야기다.

박씨는 거의 매일 아침 10시만 되면 특별한 약속을 잡지
않는다. 자동차로 5분 거리에 있는 수협 공판장에서 벌어지
는 활어 경매에 참가하기 때문이다. 매일 10시 30분에 벌어지는
활어 경매는 포항 앞바다에서 낚시로 잡은 도다리나 잡어들을 싣고
들어온 배들이 도착하면 시작된다. 경매사가 부두 오른편부터 차례로 지
나가면서 가격을 부르고 함께 이동하는 사람들이 구매의사를 밝히면 낙찰이 되는 방
식이다. 대부분 어른 손바닥만 한 도다리뿐이라 성에 차지 않지만 낚시로 잡은 싱싱
한 활어라 선뜻 구입을 한다. 이렇게 구입해 온 활어를 수족관에 넣고 본격적인 점
심 장사를 시작한다.

승리회식당의 물회에 대한 자부심은 대단하다. 물회에 들어가는 생선은 무조건 살
아 있어야 한다는 것. 때문에 구입해 온 활어를 수족관에 넣었다 꺼낼 때까지 세심한
관리를 한다. 조금이라도 상태가 좋지 않으면 바로 건져 올려 매운탕감으로 쓴다. 다
른 집들과는 달리 냉수 대신 육수를 사용하기 때문에 20여 가지 재료가 들어가는 물
회용 육수 만드는 일에도 각별히 신경을 쓴다.

장맛도 물회 맛을 좌우하기 때문에 장독대를 만들고 직접 고추장을 담가 쓴다. 보

| 포항물회 레시피 |

1. 낚시로 잡은 도다리 등을 껍질을 벗기고 살만 발라 둔다.
2. 도다리 살을 0.5mm 크기로 얇게 썰어둔다.
3. 배와 오이, 당근 등은 같은 크기로 채를 썬다.
4. 고추장과 마늘, 식초, 설탕 등이 들어간 양념장을 썰어둔 회와 야채 위에 얹는다.
5. 차가운 물이나 육수 등을 부어 마무리한다.

통 물회집에서는 텁텁하고 구수한 맛의 집고추장으로는 현대인의 입맛을 따라잡지 못해 시중의 고추장을 사서 식초·탄산음료 등을 넣어 새콤달콤하게 만드는 등의 방법을 쓴다. 이런 경향 때문에 요즘에는 어부들이 먹던, 집고추장으로만 맛을 내는 전통 물회를 맛보기 어렵게 됐다. 그러나 승리회식당의 물회에서는 집고추장의 진한 맛을 살린 깊은 맛의 물회를 즐길 수 있다.

 포항 물회

주소 포항시 북구 죽도동 573-1번지 **전화** 247-9558
영업시간 10:00~22:00, 연중무휴
낚시로 잡은 도다리 등 활어를 하루에 한 번 열리는 수협 경매장에서 낙찰받은 다음, 신선한 상태에서 뜬 회로 물회를 만든다. 냉수로 물회를 만드는 다른 곳과는 달리 자신만의 산뜻한 물회 육수로 물회 맛을 낸다.

 찾아가는 길

익산포항고속도로 도동 JC → 대련IC에서 포항시내 방향으로 직진 → 전화국사거리 지나 KB은행 사거리에서 우회전 → 남빈사거리에서 좌회전 → 죽도시장 도착

 참고문헌

〈포항물회원조 '양념할머니'〉(동아일보 1991년 9월17일자)

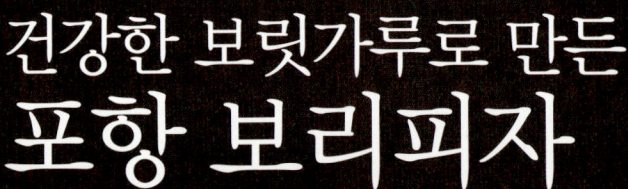

건강한 보릿가루로 만든
포항 보리피자

포항의 영일만 호미곶 부근에서는 보리에 관한 흔적을 발견할 수 있다. 남구 장기면 모포리(牟浦里)는 어느 지역보다도 봄에 보리가 일찍 되는 포구였다. 해맞이 명소로 소문난 대보면으로 봄 여행을 떠나면 청보리밭의 장관을 만날 수 있다. 이렇게 오래된 보리 산지인 포항에 가면 보리피자를 맛볼 수 있다. 친환경 농산물인 보리를 이용해 만든 보리피자는 건강에도 좋고 맛도 구수해 건강한 먹을거리로 자리 잡고 있다.

글 · 사진 | 정보상

보리가 가장 먼저 자라는 포항 영일만

보리는 인류가 재배한 가장 오래된 작물의 하나다. 대체로 기원전 7000~1000년 전에 재배가 시작된 것으로 추측하고 있다. 우리가 많이 먹는 두줄보리는 야생종이 발견된 지역으로 미루어 카스피해 남쪽의 터키 및 인접 지역을 원산지로 보고 있다. 이라크 북부의 자르모 유적에서 이삭이 부러지지 않은 두줄보리를 발견하였는데, 기원전 5000년경에 이미 두줄보리가 재배되고 있음을 확인할 수 있다.

그렇다면 우리나라에서는 언제부터 보리를 먹었을까? 중국과 가까이 있기 때문에 중국에서 흘러들어왔을 것이라는 짐작이 가능하다. 중국에서는 은(殷)나라 때 사용했던 갑골문자에서 보리에 해당하는 곡식이 기록되어 있다. 기원전 2700년경의 신농시대(神農時代)에 보리가 오곡 중의 하나로 정해진 것을 미루어 볼 때 중국의 보리 재배 역사가 매우 오래되었음을 짐작할 수 있다.

보리가 우리나라 문헌상에 나타난 것은 일연이 쓴 삼국유사에 수록된 내용이 처음이다. 기원전 1세기경에 고구려의 시조인 주몽이 부여를 피하여 남쪽으로 내려왔을 때 어머니 유화부인이 비둘기를 이용하여 보리종자를 아들에게 보내주었다는 내용이 들어 있다. 이후 보리는 4~5세기경에 한반도에서 일본으로 전파된 것으로 알려지고 있다.

한반도 지형에서 호랑이 꼬리에 해당하는 포항의 영일만 호미곶 부근의 마을 이름에서 보리에 관련된 흔적을 발견할 수 있다. 남구 장기면 모포리(牟浦里)는 어느 지역보다도 봄에 보리가 일찍 되는 포구라 하였다. 보리가 제일 먼저 되는 구석이라 하여 버리꾸지(包衣浦)라는 이름으로도 불린다. 이 마을은 '모포줄다리기'의 근원지이기도 하다. 모포줄다리기는 영일만축제 등 지역의 큰 행사가 벌어질 때마다 인기리에 재현돼 시민들에게 볼거리로 사랑을 받는 놀이다. 우리나라는 예로부터 줄다리기를 즐겨왔는데 이는 농경문화에 깊은 뿌리를 두고 있고, 보리 재배와도 어느 정도 관련이 있다.

해맞이 명소로 소문난 대보면으로 봄 여행을 떠나면 청보리밭의 장관을 만날 수 있다. 이곳은 해송과 바다, 청보리가 조화롭게 자리 잡고 있어 봄 소식 전하는 사진 명소로 유명하다. 특히 KBS 포항지국 앞에서 보리밭을 내려다보면 해송 서너 그루와 바닷바람에 일렁이는 청보리밭, 그 뒤를 지키고 있는 푸른 바다가 한 점의 잘 그린 풍경화를 만들어낸다.

친환경 농산물인 보리로 만든 특별한 피자

나이가 지긋한 사람들에게 보리는 '보릿고개'를 떠올리는 추억의 먹을거리다. 보리가 나기 전까지 주린 배를 잡고 보리가 익어가기를 기다리던 춘궁기(春窮期)를 의미하는 보릿고개는 '보리개떡'으로도 기억되기도 한다. 배고프던 시절 보리개떡의 주재료는 보릿가루가 아니라 보리등겨였다. 보리를 방앗간에서 빻을 때 나오는 밀기울 같은 등겨를 고운체로 쳐서 보리개떡을 해 먹었다. 보리등겨를 솥에서 쪄내면 그 색깔이 개똥처럼 새카맣게 변한다고 해서 붙여진 것으로, 먹거리가 부족하던 시절 훌륭한 한 끼 식사가 되기도 했다.

보리가 흔하게 나던 포항에서 보리개떡을 경험한 보리피

자아저씨의 이기열 씨는 보리를 이용한 음식이 한 가지 정도는 있어야겠다는 생각에서 보리피자를 시작했다. 그는 포항에서 태어나 포항에서 자란 포항 토박이다. 건축업을 하다 실패한 후 유난히 피자를 좋아하는 아이들 때문에 피자 가게를 열었다. 건축보다는 음식이 더 정직하게 일할 수 있을 것이라는 생각도 피자집을 여는 계기가 되었다.

여느 피자집처럼 피자 반죽을 밀가루로 시작했지만 밀가루 피자는 위장이 약한 어른이나 아이들에게는 소화가 잘 안 된다는 느낌을 받았다. 소화도 잘 되고 맛도 좋은 남다른 피자를 만들어보겠다는 생각에서 쌀 피자를 만들어 보았다. 그러나 쌀에 붙어 있는 눈이 오븐에 구울 때 산화되면서 씁쓸한 맛이 나서 실패했다. 흑미로도 도전했지만 흑미 값이 워낙 비싸 포기했다. 값싸고 맛있는 재료를 찾다가 미숫가루에서 아이디어를 얻어 보릿가루로 반죽을 만드는 보리피자를 만들게 되었다.

보릿가루는 밀가루 가격의 2~3배 정도 된다. 그렇지만 건강을 위해 보릿가루로 피자를 만들고 있다. 보통 사람들은 보리를 싼 재료, 거칠고 투박한 맛 등으로 인식하고 있어 보리피자에 대한 선호도가 떨어지는 편이다. 만드는 사람 입장에서 볼 때도 보리피자는 여러 가지 문제점을 안고 있다. 우선 보리는 글루텐이 부족해 밀가루 반죽보다 탄성이 적다. 반죽을 얇고 탄력 있게 늘려야 할 때 애를 먹는다. 반죽의 숙성도 밀가루의 서너 배 이상 시간이 걸리고 잘 부풀어 오르지 않는다.

 보리피자 제대로 즐기기

뜨거울 때도 맛있지만 식은 피자도 좋다. 식어도 보리의 제 맛이 난다. 식은 상태에서 보온밥통에 넣으면 다시 맛이 난다. 보리의 섬유질이 보온 밥의 습도와 조화를 이루어 부풀어 오르기 때문이다. 구울 때 기름을 사용하지 않아 담백하지만 고소한 맛을 원할 경우 프라이팬에 약간의 기름을 두르고 바삭하게 구워 먹어도 좋다.

이런 어려움이 항상 뒤따르지만 보리피자를 고집하는 이유는 건강한 먹을거리이기 때문이다. 보리는 초겨울에 파종해서 늦봄에 추수한다. 따라서 병충해가 없어 농약을 거의 사용하지 않는다. 어느 나라 보리이든지 친환경 농산물인 셈이다. 반죽할 때 물과 소금, 보릿가루, 자연발효제만을 사용하고 구울 때도 팬에 기름을 바르지 않아 담백하다. 보리피자가 건강에 좋은 먹거리라는 사실은 보리피자아저씨집의 단골손님들을 보면 알 수 있다. 신장이 좋지 않거나 당뇨가 있는 사람, 밀가루 알레르기가 있는 사람, 아토피성 피부염을 앓던 어린이들도 보리피자를 즐겨 찾는다.

 보리피자아저씨

주소 포항시 남구 효자동 253-117번지 **전화** 276-9277 **영업시간** 11:00~22:00, 연중무휴
내 아이들에게 안심하고 먹일 수 있는 건강한 피자를 만든다는 자부심을 갖고 있다. 묵은지를 깨끗하게 씻어 베이컨과 함께 토핑한 김치베이컨피자가 대표메뉴다. 구수하고 담백한 맛에 치즈의 고소함이 더해 별미다.

 찾아가는 길

익산포항고속도로 도동JC → 대련IC에서 경주 방향으로 우회전 → 칠전교에서 포항공대 후문 방향 도로로 좌회전 →
포항공대 후문 → 효자동 보리피자아저씨 도착

 참고문헌

〈특집 보리음식의 역사, 보리〉(1980년, 학술지 농촌자원과 생활)

 맛있는  레시피

| **보리피자 레시피** |

① 곱게 빻은 보릿가루에 소금, 물, 설탕 약간과 드라이 이스트 등을 넣고 실온에서 반죽한다.
② 반죽을 랩에 싸서 영상 5℃에서 2일(48시간) 동안 발효한다.
③ 발효된 반죽을 밀대로 밀어 고르게 편 다음 포크로 여러 곳에 구멍을 뚫는다.
④ 케첩에 바질, 오레가노 등을 넣어 만든 소스를 두껍게 바른다.
⑤ 각종 야채, 김치, 베이컨, 치즈를 토핑한다.
⑥ 230℃로 예열한 오븐에 6분 동안 굽고, 다시 180℃로 가열된 오븐에 15분 굽는다.

추천여행코스

북부해수욕장 ⇨ 죽도시장 ⇨ 로보라이프뮤지엄 ⇨
오어사 ⇨ 호미곶 해맞이광장 ⇨ 호미곶등대

여행정보

① **북부해수욕장** 가족 단위 외식 장소나 젊은이들의 데이트 명
소로 자리 잡고 있다. 해변 거리가 1.5km 남짓 된다. 울릉도로
떠나는 포항 여객터미널에서 북쪽 해변을 따라 횟집과 레스
토랑 겸 카페, 노래방들이 줄지어 들어서 있다.

② **죽도시장(승리회식당)** 경북 동해안 최대 규모를 자랑하는 재
래시장이다. 횟집 200여 개가 밀집되어 있어 사계절 저렴한
가격으로 동해안의 싱싱한 회를 살 수 있다. 인근 상가에서
초장 등 재료 값만 내면 바로 먹을 수도 있다.

③ **로보라이프뮤지엄(보리피자아저씨)** 포항지능로봇연구소가
운영하는 로봇박물관. 로봇에 대한 관심과 흥미를 유도하고,
로봇문화 저변을 확대하기 위해 문을 열었다.

④ **오어사** 신라 진평왕 때 혜공법사가 세웠다고 전해지는 천
년고찰. 절 곁으로 깎아지른 바위가 병풍처럼 둘러쳐져 있
고 절 뒤편 바위에 올라 있는 암자로 가는 길은 선경처럼 아
름답다.

⑤ **호미곶 해맞이광장** 2000년 1월 1일부터 시작된 한민족 해맞
이 축전이 매년 열리는 장소이다. 상생의 손, 성화대, 천 년의
눈동자, 연오랑 세오녀상 등이 조성되어 있다.

⑥ **호미곶등대** 호랑이 꼬리에 있다는 의미에서 '호미등'이라고도
불리는 호미곶등대는 1903년에 세워졌다. 등대 바로 곁에는
등대의 역사를 쉽게 살펴볼 수 있는 국립등대박물관이 있다.

영양의 맛

포항공항 부근의 또순이얼큰한
명태찌개(276-4967)에서 명태
찌개를 맛볼 수 있다. 명태찌개
는 예전 명태잡이 배들이 만선
의 기쁨을 풀어놓던 시절을 기
억하는 사람들에게 추억의 먹
을거리다. 구룡포항의 과메기
는 유가네(276-8056), 죽도시장
의 고래고기는 할매고래집(241-
6283)이 소문난 맛집이다

숙소

코모도호텔(241-1400), 라마다
앙코르포항호텔(282-2700), 스
테이인호텔(274-8300) 호미곶
한나모텔(284-9802), 해송모텔
(284-8245) 등이 있다

살아 있는 대게의 싱싱한 맛
영덕 대게찜

'게 먹고 체한 사람 없다'는 게 요리에서 최고로 치는 영덕대게. 저지방 고단백 식품인 대게는 소화가 잘 되어 누구나 부담 없이 먹을 수 있다. 보통 영덕대게라고 하면 강구항과 축산항 사이에서 잡힌 것을 말한다. 대게가 서식하기 좋은 환경인 밑바닥에 개흙이 없고 깨끗한 모래로만 이루어진 곳이기 때문이다. 영덕대게의 대표적 조리방법인 찜은 대게를 얼마나 싱싱하게 살아 있는 상태로 보관하느냐에 달렸다. 강구항에 가면 살아 있는 대게찜 가게를 쉽게 만날 수 있다.

글 · 사진 | 정보상

먹고 체한 사람 없다는 영덕대게

우리나라에 손꼽는 해안선 드라이브 길이 있는 영덕에서는 소화 잘 되는 '최고의 별미' 대게를 맛볼 수 있다. 예나 지금이나 전국적으로 이름난 영덕의 특산물인 대게는 몸집이 매우 커서 그렇게 불리게 된 줄로 알고들 있지만 실은 다리가 대나무처럼 크고 길다고 해서 대게(竹蟹)라는 이름이 붙었다. 이 대게는 주로 경북 영덕과 강원도 심척 사이의 동해에서 많이 잡히는 것으로 알려져 있다. 특히 수심 120~370m의 '무화잠'과 '왕돌잠'이라는 해저산맥에서 잡힌다.

모든 해산물이 그렇듯이 건강식으로 좋지만 대게는 필수 아미노산이 풍부해 간 기능 강화와 생체리듬 조절, 미용 등에 효과가 있는 것으로 알려져 있다. 잘 쪄낸 대게의 속살을 씹으면 달착지근하면서도 담백한 맛이 감도는데 이는 단맛을 내는 아미노산인 글리신, 알라닌, 글리신베타인과 감칠맛을 내는 글루탐산, 이노신산 등이 풍부하기 때문이다. 또한 게는 일반적으로 필수아미노산이 골고루 들어 있어 성장기 어린이나 노약자들에게 아주 좋으며, 저지방 고단백 식품이라 소화가 잘 된다. '게 먹고 체한 사람 없다'는 옛말도 그 때문이다.

보통 영덕대게라고 하면 강구항과 축산항 앞바다에서 잡히는 대게를 말한다. 특히 강축 앞바다는 밑바닥에 개흙이 없고 깨끗한 모래로만 이루어져 대게가 서식하기에 적합한 환경이다.

그중 경정2리에는 고려 태조 왕건이 안동 부근에서 후백제군을 물리칠 때 이 부근의 영해 토호세력들이 함께 참전해준 데 대한 감사의 표시로 영해와 영덕을 들러 경주로 가면서 이곳에 들러 대개를 맛보았다는 이야기가 전한다. 이 이야기는 1935년에 영덕(盈德)과 영해(寧海)를 합친 후 처음으로 발간된《영영승람(盈寧勝覽)》이란 군지(郡誌)에 남아 있다. "고려 태조가 남쪽으로 내려왔을 때, 이 산에 이르러 방을 걸었으므로 이로써 괘방산이라 하였다[掛榜山 在縣南十五里 自南山來 諺傳 高麗太祖]." 괘방산은 강구면 오포1리에 있다.

대게찜 맛의 비결은 신선함

강구항 초입에 있는 대게종가의 주인 배치윤 씨와 임점선 씨는 살아 있는 영덕대게를 바로 쪄서 그 신선하고 담백한 맛을 영덕을 찾은 사람들에게 소개한 산증인이다. 1970년부터 강구항 어판장 부근에서 낚시점을 열었던 배치윤씨 부부는 생선회나 대게찜을 주문하는 낚시꾼들이 늘어나자 횟집으로 업종을 전환했다. 그러면서 대게를 살아 있는 상태로 보관하는 수족관을 고안했다. 싱싱한 대게찜을 맛보기 위해 강구항을 찾은 사람들의 입을 즐겁게 해준 덕에 지금은 강구의 대게찜 대표 식당으로 성장했다.

지금은 영덕의 명물 대게를 강구항 부근의 전문식당에

서 쉽게 맛볼 수 있다. 그러나 불과 30년 전만 하더라도 영덕 일대에서 대게를 주문해 맛볼 수 있는 식당을 거의 찾을 수 없었다. 소재의 맛만으로도 다른 음식에 대한 충분한 경쟁력을 갖춘 대게는 찌거나 회로 먹는 등 단순한 메뉴로 조리할 수밖에 없었다. 하지만 위판장을 통해 구입하게 되는 대게는 대부분 죽은 상태라 신선도가 떨어졌다. 신선하지 않은 대게에 비싼 돈을 낼 사람이 많지 않아 대게찜은 횟집의 곁다리 메뉴에 불과했다.

영덕을 대표하는 맛인 대게찜은 신선함이 생명이다. 30년 전부터 횟집을 운영하던 배씨 부부는 활어 보관 수족관에 대게를 넣어 살아 있는 상태로 대게를 보관하는 방법을 찾아냈다. 그리고 수온이 낮은 바다 밑에서 사는 대게를 위해 일반 활어 수족관보다 수온을 낮춘 전용수족관도 만들었다. 덕분에 대게를 살아 있는 상태로 쪄내 쫄깃하고 담백한 맛을 유지했다.

살아 있는 대게찜을 맛본 낚시꾼들을 통해 입소문이 나자 전국 각지에서 대게찜을 맛보기 위해 강구항을 찾는 사람이 늘어났다. 주변에서 대게 식당을 하던 사람들도 수족관을 갖춰놓고 살아 있는 대게를 요리해 팔기 시작했다. 잘되는 집들이 늘어나자 새로 문을 여는 식당도 점차 늘기 시작했고 현재는 대게를 전문으로 하는 식당들이 전 세계에서 가장 많이 모여 있는 곳으로 성장했다. 지금은 강구항만 하더라도 대게를 주문할 수 있는 크고 작은 식당이 400여 곳 가까이 된다.

✏️ 맛있는 대게 고르는 법

영덕대게는 일반게인 홍게(붉은게)와는 다르다. 영덕대게는 색깔이 누런 주황색이며 속살이 꽉 차 있다. 그리고 맛을 보면 약간 단맛이 나면서 쫄깃하다. 값싼 수입산과 달리 몸체와 다리에 따개비와 같은 하얀 반점이 없고 말갛다. 크기가 크다고 맛있는 게가 아니다. 일단 속이 꽉 찬 대게를 고르려면 다리나 배 쪽을 살짝 눌러보면 된다. 배 쪽이 거무스름하고 눌렀을 때 단단한 느낌이 들며 등껍질은 살짝 말랑해야 한다. 겉으로 봐서 다리가 비어 있는 것처럼 보인다든지 물이 왔다갔다하면 상품가치가 없는 물게다.

40년 가까이 강구항에서 대게찜을 해 온 임점선 씨가 밝히는 맛있는 대게찜 만드는 노하우는 의외로 간단하다. 우선 살이 제대로 찬 좋은 게를 고르고, 찔 때 정확한 시간과 불 조절에 유의하며, 반드시 5분 정도 뜸 들이는 시간이 필요하다는 것. 먹기 좋게 손질하는 것도 중요한 포인트다.

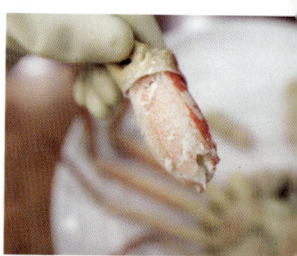

 대게종가

주소 경북 영덕군 강구면 강구리 466 **전화** 733-4147
대게종가는 대게찜으로 유명한 대게 요리 전문식당이다. 강구항에서 가장 먼저
대게 전용 수족관을 갖춰 싱싱한 대게 맛을 만들어냈다. 2대째 내려오는 비법으로
만든 소스는 이 집만의 자랑거리다.

 찾아가는 길

대구포항고속도로 대련IC → 흥해 방향으로 좌회전 → 흥해에서 영덕 방향으로
좌회전 → 7번국도 → 삼사해상공원을 지나 강구항으로 우회전 →
강구다리를 건너면 대게종가

 참고문헌

《영영승람(盈寧勝覽)》(1935년)
농촌진흥청 농식품종합정보시스템 홈페이지(koreanfood.rda.go.kr)

| 대게찜 레시피 |

① 수족관에서 꺼낸 대게를 솔로 잘 닦아준다.
② 대게를 찌기 전에 반드시 미지근한 물을 대게 주둥이 부근에 부어 죽은 것을 확인한 뒤 쪄야 한다.
③ 대게의 배를 반드시 위로 향하도록 놓아야 한다. 그래야 뜨거운 김이 들어가더라도
　게장이 흘러나오지 않는다.
④ 게 특유의 비린내를 없애려면 정종이나 맥주, 혹은 녹차를 물속에 조금 붓는 것이 좋다.
⑤ 보통 30분 정도 강한 불에서 찌고, 5분 정도 뜸 들인다.

추천여행코스

부경온천 ⇨ 삼사해상공원 (강구항 대게종가) ⇨ 해맞이공원
⇨ 대게원조마을 ⇨ 괴시리전통마을

여행정보

① **부경온천** 포항에서 영덕으로 넘어오는 경계에 있는 작은 온천. 알칼리성 단순천으로 아직 온천단지로 개발되어 있지 않아 시설이 부족하지만 영덕 여행의 피로를 풀기에 충분하다.

② **삼사해상공원(강구항 대게종가)** 강축드라이브 코스가 시작되는 곳으로 주차장에 차를 세우고 삼사전망대에 오르면 항구를 찾아드는 어선들이 만들어내는 그림 같은 풍경이 있는 강구항을 내려다볼 수 있다.

③ **해맞이공원** 새해 일출로 유명한 공원으로 약 1km에 이르는 나무계단과 전망대, 벤치 등이 있다. 시를 새겨놓은 시화(詩畵)와 함께 잔잔한 음악까지 흘러 아침 해맞이는 물론 한낮이나 저녁 무렵에도 해안산책로로서 인기가 높다.

④ **대게원조마을** 원조마을이라는 이곳은 경정2리로 고려 태조 왕건이 안동 부근에서 후백제군을 물리칠 때 이곳 근처의 영해 토호세력들이 함께 참전해준 데 대해 감사의 표시로 영해와 영덕을 들러 경주로 가면서 이곳을 들러 대게를 맛보았다는 이야기가 전해진다.

⑤ **괴시리전통마을** 영양 남씨의 집성촌으로 30여 동의 고가옥들이 들어서 있다. 민속자료와 문화재자료로서 보존가치가 높아 학생들의 역사문화체험지로 인기가 높다.

맛집

강구항은 먹거리도 많다. 강구항 곳곳에는 대게집이 늘어서 있다. 대게 가운데 살이 단단한 박달게가 가장 상품이다. 향이 깊어 별미 중 별미다. 값이 비싼 것이 단점. 대신 홍게는 주머니가 가벼운 여행자들에게 좋다. 박달게의 절반 이하 가격인 북한산과 러시아산 대게도 판다. 대게궁(734-5001), 김가네대게(733-6889)등이 무난하다.

숙소

동해비치관광호텔(732-0700), 동해해상호텔(733-4466), 리베라호텔(734-6887), 태광파크모텔(734-1595) 등이 있다.

야채와 어울린 담백한 맛
울릉도 오징어순대

울릉도 어부들이 오징어잡이를 나갔다가 풍랑을 만나 먹을 것이 떨어지면 잡아놓은 오징어 속에 남은 김치며 반찬 찌꺼기 따위를 넣고 삶아 먹은 이야기에서 오징어순대의 유래를 찾는다. 오징어순대는 두 가지가 있다. 먹물과 내장을 그대로 두고 찌는 전통 울릉도식 순대와, 내장을 제거하고 오징어다리를 잘게 썰어 각종 야채와 버무린 후 속을 채워 찌는 오징어순대가 그것이다. 미리 주문해야만 맛볼 수 있는 음식이기 때문에 그 맛이 더 각별한지도 모른다.

글 · 사진 | 정보상

타우린이 많아 건강에 좋은 오징어순대

국민 먹거리 가운데 하나인 순대는 중국에서 먼저 만들어 먹었던 음식으로 알려져 있다. 중국 북위(北魏)시대인 6세기 전반, 가사협(賈思勰)이 지은 종합 농업기술서 제민요술(齊民要術)에 순대를 만들어 먹은 기록이 있다. 순대의 유래에는 많은 설이 있으나 그중에서도 몽골의 전투식량설에 무게가 실린다. 유라시아 대륙을 정벌했던 칭기즈칸이 전투에 나설 때 기동력을 살리기 위해 돼지의 창자에다 쌀과 야채를 넣어 말리거나 냉동시켜 휴대했다고 한다. 이런 간편한 전투식량이 기동전을 벌이는 몽골군에게 큰 도움이 되었다는 이야기노 선한다. 이런 엉항 때문인지 우리나라에서는 예로부터 함경도, 평안도 등 몽골과 가까운 북쪽 지역에서 순대를 즐겨 먹었다.

우리나라에도 몇몇 농서나 음식소개서에 그 요리법과 종류가 기록돼 있다. 1766년 유중림이 지은《증보산림경제》에는 순대의 요리법과 먹는 방법 등을 소개했고 1809년(순조 9년) 서유본의 부인인 빙허각 이씨가 지은《규합총서》에는 순대의 조리법이 서술되어 있다. 우리나라 순대는 북쪽의 함경도부터 남쪽의 제주도까지 전국에 걸쳐 분포되어 있다. 지역마다 먹는 방법과 만드는 방식에 특색이 있으며 대중적인 음식으로 남녀노소를 가리지 않는다. 종류로는 아바이순대, 오징어순대, 솔잎순대 등 여러 가지가 있다.

순대는 가축의 혈액을 포함하고 있어 소장에서 흡수가 용이한 철분을 공급한다. 빈혈이 우려되는 여성에게 적합한 영양식품이다. 그 밖에도 육류, 곡류, 채소류가 골

울릉회타운의 주인인 안수환 씨는 울릉도에서
태어나 지금까지 오징어를 요리하며 생활하고 있다.

고루 함유돼 있어, 제조방법에 따라 조금씩 차이가 있긴 하나 대체로 완전식품에 가깝다고 할 수 있다.

강원도에서는 돼지가 귀해 일찍부터 창자 대신 오징어를 사용한 '오징어순대'를 먹었다. 울릉도의 경우에는 어부들이 오징어잡이를 나갔다가 풍랑을 만나 먹을 것이 떨어지면서 잡아놓은 오징어 속에 남은 김치며 반찬 찌꺼기 따위를 넣고 삶아 먹은 이야기에서 오징어순대의 유래를 찾는다. 오징어에 많은 타우린은 인슐린 분비를 촉진하여 당뇨병 예방, 혈압조절 효과가 있다. 야채와 오징어가 조화를 이룬 오징어순대는 종합영양공급원으로도 손색이 없는 건강식품이다.

미리 주문해야 맛볼 수 있는 슬로푸드 오징어순대

오징어순대를 맛볼 수 있는 울릉회타운은 울릉도의 관문인 도동항에서 불과 2~3분 거리다. 버스터미널과 주차장 빌딩이 바로 앞에 있어 목이 좋은 곳에 자리 잡고 있다. 주인인 안수환 씨는 이곳에서 태어나 성장하고 결혼해서 사업까지 하고 있으니 '이사'는 그에게 필요 없는 단어가 될 것 같다.

그에게 오징어가 밥이자 반찬이었던 때가 있었다. 19세에 작은 어선을 가지고 있던 아버지와 함께 바다에 나가 오징어를 잡아온 지 만 10년. 당시 울릉도 앞바다는 물 반 오징어 반이라 할 정도로 오징어가 많았다. 저동항은 오징어잡이 배의 어업전진기지가 되면서 팔도에서 오징어를 잡으려는 사람들이 몰려들어 북새통을 이뤘다.

 오징어순대 제대로 즐기기

담백하면서도 부드러운 오징어순대와 매콤하면서도 산뜻한 오징어무침을 함께 먹을 때 오징어 순대의 제맛을 느낄 수 있다. 오징어무침은 미나리, 오이, 양파 등 각종 야채와 매운 고추를 얇게 썬 오징어 회와 함께 무친 것. 매운 회무침과 담백하면서도 고소한 오징어 맛이 조화를 이뤄 환상의 맛을 연출한다.

그도 집안일을 도와 오징어 황금어장인 울릉도 앞바다에서 파도와 씨름했다. 오징어 떼를 따라 울릉도 앞바다뿐만 아니라 독도까지 조업을 나갔다. 보통 일주일 정도씩 배를 타는데, 그럴 때면 바다에서 갓 잡아 올린 오징어가 주된 식사가 된다. 오징어 배를 타는 사람들이 가장 좋아하는 부위는 '귀'라고 부르는 오징어 위쪽의 삼각형 부위. 낚시로 건져 올린 싱싱한 오징어의 귀를 떼어내 준비한 초고추장에 찍어 먹는데 이것이 뱃사람들의 오징어 회인 셈이다. 그리고 나면 남는 것이 몸통과 다리인데, 먹물도 그대로 두고 만두 찌듯이 찜통에 그대로 찌면 전통적인 오징어순대가 된다. 이런 이야기를 하는 그의 표정에서 그때를 그리워하는 미소를 발견할 수 있었다.

배타는 일을 그만두고 난 뒤 포항―울릉 간 쾌속선이 다니고 관광객들이 조금씩 늘어나기 시작하자 안 사장은 지금의 식당자리에 카페를 시작했다. 울릉도를 찾아온 사람들에게 하루 종일 좋아하는 음악을 들려주며 돈을 벌 수 있

맛있는 레시피

| 오징어순대 레시피 |

① 오징어는 신선한 것을 골라 배를 가르지 않고 내장을 빼낸 뒤 다리를 떼어낸다.
② 오징어 다리는 잘게 썰어 속재료로 준비한다.
③ 부추, 당근, 파프리카 등 야채는 잘게 다져 놓는다.
④ 채소에 달걀과 녹말가루를 약간 넣고 골고루 섞는다.
⑤ 손질해 놓은 오징어의 속이 터지지 않을 정도로 채워놓고 입구를 깻잎으로 가린 다음 꿰매어 놓는다.
⑥ 속을 채워 놓은 오징어는 찜통에 가지런히 넣어 중불에서 15분간 찐다.

다는 생각이었다. 하지만 카페에서 차 한 잔과 음악을 즐기려는 사람이 많지 않았다. 아쉽지만 카페를 접고 그 자리를 생선회 전문식당인 울릉회타운으로 바꿨다. 이때가 1986년. 태어난 곳에서 자라나 카페도 차려보고 지금까지 횟집을 경영하고 있으니 평생을 한 자리에서 살아가는 셈이다.

도동항에는 어시장이 없다. 오징어가 제철일 때에는 이른 아침에 도동항으로 잠깐 들어오는 오징어잡이 배를 만나 살아 있는 오징어를 구입한다. 오징어를 소재로 오징어물회, 내장탕, 오징어순대 등 다양한 요리를 만드는데, 오징어순대를 찾는 사람들은 맛을 찾아오는 사람들이 많다.

오징어순대는 두 가지가 있다. 먹물과 내장을 그대로 두고 찌는 전통 울릉도식 순대와 내장을 제거하고 오징어다리를 잘게 썰어 각종 야채와 버무린 후 속을 채워 찌는 오징어순대다. 울릉회타운에서는 두 가지 모두 주문해서 맛볼 수 있다. 오징어순대는 1시간 전에 미리 예약해야 한다. 오징어순대는 미리 만들어 놓으면 맛이 덜하기 때문이다. 주문을 하고 나면 살아 있는 오징어를 수족관에서 건져 올려 만들기 시작한다. 언제나 쉽게 맛볼 수 있는 음식이 아니므로 그 맛이 더 각별한지도 모른다.

 울릉회타운
주소 울릉군 울릉읍 도동1리 131-1번지 **전화** 791-4243
영업시간 10:00~21:00, 연중무휴
울릉도에서만 나는 자연산 활어와 전복, 참소라 등의 신선한 회와 전복죽 등을 제공한다. 홍합밥, 물회, 회덮밥 등도 맛볼 수 있다. 직접 담근 명이장아찌와 다양한 산채로 만든 밑반찬도 제공된다.

 찾아가는 길
포항여객선터미널 → 울릉도행 선플라워호 탑승(3시간 10분) →
울릉도 도동항 도착 → 천부행 버스터미널 방향(도보 5분) → 울릉회타운

 참고문헌
《제민요술》, 《규합총서》

약초 먹고 큰 약소고기를 맛보자
약소불고기

울릉도 소고기가 맛있는 이유는 섬바디 등 울릉도 지천에 널려 있는 약초를 먹은 소의 육질 때문이다. 약초 특유의 향과 맛이 깃든 약소고기는 육지 소고기보다 검붉은 빛을 띠며 씹을수록 고소하고 쫀득한 육질이 특징이다. 울릉도의 여러 식당에서 맛볼 수 있지만 도동에 있는 향우촌에서는 직접 사육한 소를 잡아 신선한 약소요리를 만날 수 있다. '내가 맛있게 키운 소를 울릉도를 찾는 이들에게 보여 주겠다'는 식당 주인의 자부심이 담겨 있는 곳이다.

글 · 사진 | 정보상

약초 먹고 자란 소, 고소하고 쫀득한 맛이 일품

울릉도에 소가 있었던 흔적은 우산국시대 신라 토기와 더불어 소의 협골(脇骨)이 울릉도에서 출토되었다는 기록에서 발견할 수 있다. 이후 세월이 흐르면서 울릉도의 공도정책 때문에 사람이 살지 않았고 현재 사육되고 있는 울릉약소는 1883년 4월 지금의 태화동에 상륙한 6가구 54명의 개척농민과 함께 들어온 암수 1쌍이다.

이어 1892년 주민들은 콩 50석을 주고 울진에서 송아지 5마리를 들여와 울릉도 남동쪽의 사동 지역에서 기르게 된다. 1920년대엔 매년 수십 마리씩 육지로 내다 팔수 있었고, 1960년대엔 매년 100~200마리씩 육지로 출하했다. 육지산 소보다도 고가였으나 당시 포항에는 울릉도 약소를 구입하기 위해 온 상인들로 붐볐다는 이야기도 전해진다. 지금 울릉도 전역에서 자라고 있는 소는 700여 마리에 이르는 것으로 알려지고 있다.

울릉도 약소는 일반 소고기보다 검붉은 빛을 띠며 씹을수록 고소하고 쫀득한 육질이 특징이다. 따로 숙성이나 양념을 하지 않아도 울릉약소 자체에서 단맛이 난다. 울릉도 소고기가 맛있는 이유는 섬바디(일명 돼지풀)라는 약초 때문이다. 논농사가 어려웠던 울릉도에서는 소여물을 구하지 못한 대신에 약초들을 먹여 소를 키웠는데 이중 섬바디가 소의 육질을 보다 선명하게 만들고 약초 특유의 향기와 맛이 배게 하여 누린내를 없애주는 것이다.

섬바디는 울릉도에서만 서식하는 목초로서 울릉도 전역에 사철 자생한다. 줄기를 쪼개보면 우유 같은 하얀 진액이 흘러나와 일명 풀에서 나는 우유라고도 하며, 한우가 제일 좋아하는 목초다. 독성이 없고 영양가가 풍부하여, 울릉도 개척 당시 먹을 것이 귀할 때 명이나물과 함께 식탁에 올랐던 식물이다. 울릉도 전역이 섬바디로 뒤덮일 정도로 많다. 꽃은 우산을 거꾸로 뒤집어놓은 모양이며 꽃 색깔은 흰색이다. 비타민B 성분이 많고 철분, 인, 칼슘 등의 무기질이 풍부하여 현대인의 성인병이나 스트레스를 해결할 수 있는 좋은 자양건강식물이다.

이 밖에도 부지깽이를 닮았다고 해서 부지깽이나물이라 불리는 두해살이풀도 소가 즐겨 먹는다. 울릉군에서는 1998년 울릉약소 브랜드를 개발하여 사육 중에 있으며, 섬 내 식육식당 어디에서나 그 맛을 즐길 수 있다.

양념보다는 고기맛에서 승부가 결정되는 약소불고기

울릉도 신항이 들어서고 있는 사동 일대가 한눈에 내려다보이는 언덕에서 약소를 키우는 박용수 씨. 사동에서 태어난 그는 현재 울릉도에서 약소를 가장 많이 키우는 것으로 알려져 있다. 약소에 관심을 두기 시작한 것은 1996년경. 육지로 나가 살며 대형 상선의 항해사와 해운관련 일을 하다가 귀농을 하면서부터다. 귀농을 위해 구입한 땅에는 부지깽이 나물이나 섬바디 등의 약초가 지천으로 널려 있었고 이를 이용한 육우사업이 전망 있어 보였기 때문이다.

당시 대부분의 울릉도 소들은 방목해 키우고 있었지만 사업성을 염두에 둔 박용수 씨는 조금 더 체계적인 시스템을 도입했다. 우선 좋은 혈통의 생후 6개월쯤 된 수송아지를 합천축협에서 들여와 거세를 했다. 이렇게 하면 체질이

암소와 비슷하고 체구가 큰 육우를 만들 수 있기 때문이다. 처음에는 부드러운 건초를 먹이고 시간이 지나면 옥수숫대 등을 발효한 엔실레지(저장사료) 등을 먹이며 겨울을 난다. 제법 소 모양이 나는 12~20개월까지는 육성기로 봄에 섬바디 등 약초 풀을 집중적으로 먹이고 사료도 10% 정도 섞어 준다. 비육기간인 20개월 이상 되면 사료를 30% 이상으로 늘리고 26개월 이상 되면 도축준비를 한다. 처음에 10마리로 시작했던 소는 20마리로 늘고 지금은 40여 마리나 되는 소를 키우고 있다.

새천년이 시작되는 2000년경부터 울릉도를 찾는 관광객들이 늘어났다. 자연히 약소구이를 찾는 사람들도 점차 늘어났고 울릉도에서 키워 도축한 소가 부족해졌다. 이렇게 되자 육지에서 반입된 소고기가 울릉도 약소고기로 둔갑해 버젓이 팔려나가는 상황도 벌어졌고 약소고기 맛에 대한 불만도 종종 들려왔다. 소 키우는 일에만 매달렸던 그가 약소구이 전문 식당을 개업한 것은 2002년. '내가 맛있게 키운 소를 울릉도 찾는 이들에게 보여 주겠다'는 평소 생각을 행동으로 옮긴 것이다.

향우촌에서 가장 인기 있는 메뉴는 소금구이다. 등심, 안심, 갈빗살 등 울릉도 천부에서 나는 해양심층수 소금으로 간을 했을 때 씹을수록 고소하면서도 깊은 울릉도 약소고기의 참맛을 느낄 수 있다. 약소고기의 여러 부위 가운데 약소 맛을 가장 잘 느낄 수 있는 부위는 갈빗살이다. 고소한 맛이 일품인 갈빗살은 고기 맛 즐기는 이들이 주로 주문한다.

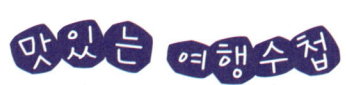 

 약소 맛을 살려주는 명이나물

소금에 절인 뒤 설탕과 식초로 양념한 명이나물에 싸 먹는 약소불고기나 소금구이는 둘이 먹다 하나가 죽어도 모를 맛이다. 명이나물은 입을 개운하게 하고 고기의 맛을 특별하게 만들어 준다. 향우촌에서는 사동 약소 사육장 부근에 명이나물 밭을 만들어 직접 재배한다. 소금에 절인 뒤 매실엑기스와 간장, 설탕을 넣어 냉동실에서 2~3개월 숙성해서 손님상에 내놓는다.

향우촌의 대표메뉴 가운데 하나인 약소불고기는 주로 목등심이나 등심을 이용한다. 등심의 부드럽고 담백한 맛에 직접 짠 참기름과 육질을 부드럽게 만들어 주는 키위를 약간 넣는 것이 포인트다. 그러나 양념보다 는 물 좋고 공기 좋은 곳에서 약초를 먹고 자란 건강한 소의 육질 좋은 고기가 그 맛의 80~90%를 차지한다. 약소 불고기와 함께 먹는 명이나물 절임도 고기 맛을 두 배 좋게 해주는 중요한 요소 다. 명이나물 절임은 고기 맛을 느낄 수 있도록 입을 개운하게 해주기 때문이다.

 향우촌

주소 울릉군 울릉읍 도동1리 226-3번지 **전화** 791-8383
홈페이지 www.hyangwoochon.com **영업시간** 10:00~21:00, 매주 일요일 휴무
울릉도에서 직접 기른 소를 도축해 약소요리를 내는 유일한 식당이다. 독특한 육질의 울릉도 약소를 이용한 소금구이, 불고기, 육회, 전골 등 다양한 메뉴를 선보이고 있다. 약소불고기를 맛보려면 주물럭을 주문해야 한다.

 찾아가는 길

포항여객선 터미널 → 울릉도행 선플라워호 탑승(3시간 10분 소요) → 울릉도 도동항 도착 →
울릉 KT지점 앞 방향(도보 10분) → 향우촌

 참고문헌

《울릉군지》(2008년)

| 약소불고기 레시피 |

 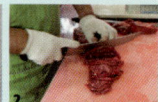   

① 당근, 양파는 채 썰고(5×0.2×0.2cm), 대파의 1/3은 다지고 2/3는 어슷썬다(0.3cm).
② 소고기를 얇게 저며 먹기 좋은 크기로 잘라 둔다.
③ 간장, 다진 파, 다진 마늘, 설탕, 참기름, 맛술, 깨소금, 후춧가루를 섞어 고기 양념을 만든다.
④ 고기 양념에 고기와 약초, 썰어 놓은 당근, 양파, 대파를 반 정도 넣어 잘 버무려 둔다.
⑤ 불고기 팬에 양념에 재운 고기와 채소를 넣고 불린 당면을 얹어 중불에서 서서히 익힌다.

추천여행코스

독도전망대와 약수공원 ⇨ 행남등대와 해안길 산책 ⇨
내수전 전망대 ⇨ 내수전 옛길 트래킹 ⇨ 나리분지

여행정보

① **독도전망대와 약수공원(향우촌)** 도동항이 한눈에 내려다보이
는 전망대까지 케이블카가 연결되어 있다. 맑은 날(연중 50
일)에는 92km 거리를 조망할 수 있다. 약수공원에는 독도박
물관과 탄산이 함유된 도동약수터가 있다.

② **행남등대와 해안길 산책(울릉회센터)** 도동항에서 행남등대까
지 가는 해안산책로가 절경이다. 해안산책로에서는 자연동굴
과 골짜기를 연결하는 교량 사이로 펼쳐지는 해안 비경을 감
상할 수 있다. 행남등대는 저동항의 절경을 감상할 수 있는
조망 포인트이다.

③ **내수전 전망대** 해맞이와 저동항의 애수어린 저녁 풍경이 인
상적인 곳. 전망대에 서면 울릉도의 대표적인 부속섬 죽도,
관음도, 섬목이 한눈에 보인다.

④ **내수전 옛길 트래킹** 울릉도의 대표적인 옛길로 내수전전망
대에서 시작된다. 북면의 석포리까지 약 1시간 30분 정도 걸
린다. 천부-섬목-석포-내수전으로 이어지는 옛길은 줄곧
바다를 옆구리에 끼고 산허리를 굽이굽이 돌아간다. 울릉도
의 흙길은 화산재로 형성되어 있어 트레킹을 해도 발의 피곤
함이 덜하다.

⑤ **나리분지** 울릉도에서 가장 평평하면서도 넓은 지역. 울릉도
사람들의 옛 생활을 짐작할 수 있는 투막집과 너와집, 섬백리
향 군락(천연기념물 제52호) 등을 구경할 수 있다.

맛집

울릉도는 화산섬이라 물맛이 좋
아 물회 맛도 좋다. 대표적인 물
회인 오징어물회는 도동에 있
는 바다회센타(791-4178) 등에
서 맛볼 수 있다. 보배식당(791-
2683)은 홍합밥이, 산마을식당
(791-4643)은 산채정식이 맛있
다. 약소불고기는 암소한마리
식당(791-4898) 등이 유명하다.

숙소

대아리조트(791-8800), 전통가
옥 펜션 추산일가(791-7788),
나리분지의 산마을민박(791-
6326) 등이 있다.

완벽한 영양학적 조합
팔우정해장국

우리민족은 국물민족이다. 밥과 함께 국을 먹었으며 국물음식이 많고 뜨끈한 국물을 먹어야 식사를 했다는 생각이 지배적이다. 술 마신 뒤 숙취는 해장국으로 달랬다. 전주 콩나물해장국, 부산 해운대 복국, 충청도의 올갱이국, 동해의 곰치국, 제주의 오분자기, 서울 선짓국, 하동 재첩국, 제주도 몸국, 여수 장어탕, 태안 우럭젓국, 대구 따로국밥 등 해장국이 넘쳐난다. 경주에도 유명한 해장국이 있으니 메밀묵과 콩나물을 이용한 팔우정해장국이다.

글 · 사진 | 이동미

여덟 그루의 큰 인물을 키워낸 팔우정

술을 마실 때 나오는 탕이 술국이오, 술에 시달린 속을 풀어 주는 게 해장국(解腸羹)이다. 해장국의 해장이라는 말은 해정(解酲) 즉, '숙취를 풀다'는 말이 와전돼 해장(解腸)이 되었다고 하는데, 해정(解酲)이나 해장(解腸)이나 틀린 말은 아닐 것이다.

그러면 해장국은 언제부터 먹기 시작했을까? 최초의 문헌은 고려 말엽 중국어회화 교본인 《노걸대》에 나오는 '성주탕'이다. '육즙에 정육을 잘게 썰어 국수와 함께 넣고 천초가루와 파를 넣는다'고 기록되어 있다. 조선 후기 최영년이 쓴 《해동죽지》에는 광주성내의 '효종갱'이 나온다. 배추속대, 콩나물, 송이버섯, 표고버섯, 소갈비, 해삼, 전복을 토장에 섞어 종일토록 푹 고은 후 이 국 항아리를 솜에 싸서 밤새 한양에 보내면 새벽종이 울릴 때쯤 재상 집에 도착한다. 국 항아리가 아직 따뜻하고 해장에 더없이 좋아 많은 사람들에게 사랑을 받았다 하니 효종갱은 크고 작은 연회를 마친 후 술로 시달린 속을 다스리기 위해 시켜 먹던 음식인 셈이다.

천년고도 경주 거리를 걷다 보면 경주역에서 경주박물관 가는 큰길로 500여쯤에 팔우정교차로가 있다. 이곳에 해장국집이 모여 있는데 '팔우정해장국 거리'로 불린다. 오래전부터 내려온 '경주식 해장국'을 파는 곳이다. 팔우정은 경주 최씨의 시조 최치원 선생의 후손을 비롯한 선비들이 모여 시를 읊고 학문을 강론하던 유서 깊은 곳이다. 또 조선 시대 육의당 최계종(六宜堂 崔繼宗)이라는 사람과도 연관이 있다. 그는 아들 셋을 양육하면서 정자를 짓고 주위에 나무 여덟 그루를 심었었다. 큰아들

팔우정해장국은 소박한 모습과 달리 영양학적으로 손색이
없다. 해장국을 말아서 낸 것이 30년째라는 이귀록 사장.

인 성훈랑 동노가 8형제를 두었으니 이 나무 아래에서 예의를 닦고 학문에 정진했다. 여덟 그루가 강건하고 무성하게 자랐으며 더불어 8형제 모두 당대에 저명한 인사가 되었고 그때부터 이곳에 있는 정자 이름을 팔우정(八友亭)이라 부르게 되었다.

30년간 만든 해장국은 셀 수도 없어

이곳 팔우정해장국의 또 다른 이름은 '콩나물메밀묵해장국'으로 경주 염매시장에서 어느 노부부가 새벽 장을 보러 오는 이들에게 팔던 해장국이라고 한다. 그런데 염매시장이 폐쇄되자 누군가에 의해 전수되어 해장국을 만들어 팔게 되었는데, 이제는 그 집이 20여 개로 늘어 경주의 명물 거리가 되었다. 찾아간 집은 '팔우정해장국'. 50년 세월 동안 이어진 이 집 주인은 이귀록 사장으로 원래 있던 해장국집을 이어받았다. 아침부터 저녁까지 해장국 한 사발씩을 말아서 내어준 것이 30년째로, 그녀의 손에서 해장국을 받아 쓰린 속을 달랜 사람은 수도 없이 많을 것이다. 그 중 가장 많이 먹은 사람은 남편이라고.

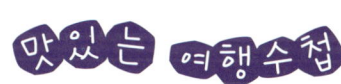 

✏️ 팔우정해장국 제대로 즐기기

'묵 해장국'은 경주 음식이다. 낭창낭창한 메밀묵이 듬뿍 올려진 해장국을 한 술 떠먹으면 첫맛은 밋밋하다. 두 술 세 술 떠먹으면 구수한 맛이 배가 되고, 시원한 맛은 끝이 없다. 쌉쌀하면서도 부드러운 메밀묵은 씹기도 전에 후루룩후루룩 넘어간다. 콩나물은 아삭하고 신김치는 입속을 감친다. 진한 국물 속 가득한 묵만 먹어도 배가 든든해진다. 이 해장국 한 그릇을 먹을 때는 모두 말아서 숟가락으로 뚝뚝 떠먹어도 되고 재료를 하나씩 음미하면서 먹어도 좋다. 하지만 너무 급히 먹진 말자. 천천히 우주의 조화를 생각하며 여유 있게 한 그릇!

팔우정해장국은 소박한 모습과 달리 과학적으로나 영양학적으로 손색이 없다. 우선 아스파라긴산이 풍부한 콩나물이 숙취해소에 좋다는 것은 두말할 나위가 없다. 메밀묵은 찬 성질이라 술로 피곤한 장을 시원하게 다스려준다. 메밀에는 식물성 단백질, 필수아미노산, 탄수화물, 비타민B1, 비타민B2, 비타민K, 인산 등이 넉넉하게 들어 있고 위장, 대장 같은 소화기 기능을 튼튼하게 한다. 바다해초인 모자반은 항암해초로 꼽히는 음식으로 고혈압과 중풍예방에 좋은 것으로도 알려져 있다. 신김치의 항암효과와 무의 위장 다스림도 빼놓을 수 없다. 명태, 새우, 무 등을 푹 끓인 육수에 콩나물을 넣고, 메밀묵과 신김치, 모자반을 얹었으니 모두가 짙은 맛하고는 상관이 없다. 그런데 먹으면 먹을수록 구수한 맛과 시원한 맛이 일품이다. 사용되는 재료는 모두 해장국의 주재료로 인기 있는 품목인데 이것을 모두 합해 경주 해장국이 탄생했다. 콩나물, 메밀묵, 모자반, 신김치, 멸치, 새우, 명태, 다시마 이렇게 여덟

| 팔우정해장국 레시피 |

① 북어머리, 마른새우, 멸치, 다시마를 함께 푹 고아 국물을 낸다.
② 메밀묵, 신김치, 콩나물 등 재료를 준비한다.
③ 메밀묵과 데친 콩나물 위로 국물을 서너 번 부었다 따라낸다. 데우는 과정. 일명 토렴이다.
④ 따뜻해진 메밀묵과 콩나물에 다시 육수를 붓고 모자반(해초) · 김치 · 마늘을 잘게 썰어 얹어낸다.
⑤ 마지막으로 참기름과 양념장을 뿌린다.

가지의 주요재료가 만들어낸 오케스트라의 하모니는 각자가 또 서로가 어우러져 훌륭한 결과물을 낳았다. 마치 팔우정 여덟 그루의 인재가 각자 또 같이 훌륭한 재목으로 자라나듯이 말이다.

 팔우정해장국

주소 경북 경주시 황오동 372-122 **전화** 742-6515
영업시간 24시간 영업
팔우정해장국 거리의 해장국이 유명하다. 20여 개의 해장국집이 몰려 있는데 그 중 이귀록 할머니가 운영하는 팔우정해장국이 원조격이다. 메뉴는 묵해장국과 선짓국, 추어탕 3가지다. 묵해장국은 맑은 국물에 양념이 순하고 묵과 콩나물이 많이 들어가 담백한 맛이다. 반면 선짓국은 간이 세고 얼큰하다.
팔우정로터리 입구 쪽에 있다.

 찾아가는 길

경부고속도로 경주IC → 금성삼거리에서 좌회전 → 서라벌사거리에서 우회전 →
팔우정삼거리에서 우회전 → 팔우정해장국

 참고문헌

《임원경제지》(1827년) 탕반류, 《노걸대》 성주탕,
《해동죽지》(1925년) 광주성내의 효종갱

장인정신으로 빚은 술
교동법주

삼한시대와 고구려 제천의식에 '주야음주가무(晝夜飮酒歌舞)'를 하였다는 기록이 있으니 술은 예로부터 신과 인간이 만나는 종교적 의식, 조상과 만나는 의례, 부부를 맹세하는 예식 등에 반드시 등장하는 신성한 음식이었다. 왕이나 명문가는 물론 '명가명주'라 하여 집안마다 조상 제사와 손님 접대를 위한 가양주가 있었으니 경주 최씨 가문에는 교동법주가 전해진다.

글·사진 | 이동미

정직한 사람이 빚어야하는 술

경주 교동에 살고 있는 경주 최씨 사성공내파에 전해 내려오는 가양주로 '경주교동법주'가 있다. 경주교동법주가 오늘에 이르게 된 데에는 조선 중기의 무신인 최진립과 연관된 이야기가 있다. 병자호란이 일어났을 때 69세였던 최장군은 전장에 나섰다. 남한산성으로 진격 중 용인험천에서 적의 대군을 만나 일전을 벌였으니 꼿꼿하게 서서 두려움 없이 활을 쏘아 빗나가는 것 없이 적을 명중시켰다. 화살이 떨어지자 "나는 여기서 한 치도 떠나지 않고 죽을 것이니 너희들은 이 자리를 표시해두라"며 자리를 지켰다. 그의 시신은 화살을 맞아 고슴도치 같았지만 얼굴은 살아 있는 것 같았다 한다. 인조 임금은 크게 슬퍼하며 병조판서를 추증하고 정무(貞武)라는 시호를 내렸으며 숙종은 숭열사우라는 사액을 하사하고 손자인 최국선을 궁중으로 불러 사옹원 참봉으로 봉사하게 하였다. 사옹원은 궁궐에서 임금님의 수라상을 돕고 장을 담그는 염장을 관장하는 곳으로, 술을 빚기도 했다. 술 빚는 것은 정직함이 생명이니 최국선을 사옹원의 참봉직에 봉한 것은 조부인 최진립 장군의 후손, 즉 '곧은 마음과 충절을 다한 충신의 후손'이기 때문이기도 했다 한다.

350년간 며느리를 통해 내려온 최씨 집안 가양주

최국선은 낙향 후 집안 대소사에 사용하고 손님을 접대하기 위해 술을 만들었는데, 이 술이 교동법주의 원조다. 법주 빚는 법은 둘째아들 의기(義基)의 후손에 의

해 최부자댁에 시집온 며느리들에게 전해져 350여
년의 세월 동안 가문의 비주로 전승되어 왔다. 당
시에는 월성군 내남면 이조리에서 살았는데, 언경
(彦敬:24世) 대에 지금의 자리로 이사를 했다. 1644
년 정월 15일에 이조리의 집을 옮겨와 지었으니 교동
집의 기와와 건재는 350여 년이 넘는 셈이다(2010년 기
준 367년).

　현재 경주교동법주를 빚는 배영신 할머니는 1939년(22세)에 최
씨 집안으로 시집와 시어머니 밑에서 도제식으로 술 제조법을 배웠다. 평소
눈썰미가 빼어나고 음식 솜씨도 뛰어난 배 할머니였지만 시어머니에게 집안 가양주
인 경주교동법주 빚기를 배우면서 밤 새우기가 일쑤였다 한다.

　경주교동법주의 원료는 비교적 간단하다. 찹쌀과 밀 누룩, 우물물이 전부다. 하지
만 멥쌀로 제조하는 일반 술에 비해 교동법주는 토종 찹쌀을 고집한다. 누룩은 엄선
된 밀 누룩만 쓰고 밑술 담금과 덧술 담금 등 두 번에 걸친 발효과정이 특징이다. 숙
성시키기까지 100일 동안 손길과 정성이 더해지기에 백일주라고도 불린다. 청주는

예로부터 겨울 술이라 하였고 교동법주 역시 겨울 술이다. 또한 술에 어떠한 화학적 처리도 하지 않기 때문에 '살아 있는 술', 즉 생주라 일컬어진다. 물은 100년 넘은 구기자나무 뿌리가 드리워진 집안 우물물을 끓여서 사용한다.

법주 만드는 일이 섬세한 일이라 술 담그기를 시작해 끝날 때까지 석 달 열흘은 잠시도 긴장을 늦추지 못한다. 완성된 교동법주는 혀끝에 착 감기는 달콤한 맛과 노르스름하고 투명한 빛깔, 곡주 특유의 향긋한 냄새가 오래도록 남는다. 대를 잇는 가양주로서 그 뿌리가 깊듯이 맛도 깊다. 청렴하고 결백한 마음가짐과 '정직'이 빚어낸 '장인의 술'이기 때문이다.

누대에 걸친 봉제사와 접빈객에 사용되어온 경주교동법주를 빚던 배영신 할머니는 1986년 국가지정 중요무형문화재 기능보유자로 인정받았고, 2006년 3월 그의 아들 최경(崔梗, 최국선의 10대손)이 대를 잇는 기능보유자로 인정

 경주교동법주에 맞는 최고의 안주

명주에는 그에 걸맞은 안주가 있는 법, 최씨 집안에는 경주교동법주에 어울리는 특별한 안주가 전해 내려온다. 큰새우 속살 등을 배춧잎으로 싼 사연지(싸서 넣은 김치라는 뜻)는 담백하고 시원한 맛이 일품이며, 실고추에 버무린 해산물이 맛을 더한다. 집에서 직접 만든 육포와, 북어포를 아주 잘게 찢어 양념한 북어 보푸림, 약과와 다식도 명주에 알맞다.

다식은 종류가 여럿이다. 쌀을 재료로 갖가지 과일 물을 들인 쌀다식은 수(壽)자와 복(福)자 등의 문양을 연꽃술과 인동초, 연잎으로 꾸며 눈을 즐겁게 한다. 흑임자(검은깨)다식과 송화다식 또한 교동법주와 환상적인 궁합을 이룬다. 현재 구매를 원하는 관광객들을 위하여 판매를 준비 중이다.

받아 제조비법을 계승 발전시키고 있다. 공장에서 만든 것들이 넘쳐나는 요즘, 인간 문화재가 100일간 밤잠을 설쳐가며 한 방울 한 방울 빚어내는 경주교동법주는 희소성과 완성도에서 그 누구도 따라올 수 없는 독보적인 존재다.

 경주교동법주

주소 경북 경주시 교동 69 **전화** 772-2051 **홈페이지** www.kyodongbeobju.com
경주교동법주는 철저하게 재래식 방법으로 생산된다. 즉 공장 시설이 없으며 더불어 별도의 유통망도 갖추고 있지 않다. 따라서 공급이 수요를 따라가지 못한다. 대리점이 없는데다 인터넷이나 우편으로도 구입할 수 없으니 교동마을 최씨 고택에 가야만 살 수 있다.

 찾아가는 길

경부고속도로 경주IC → 35번국도 → 포석로 오릉네거리에서 좌회전 → 일정로에서 경주박물관 방향으로 우회전 → 교촌길에서 대릉원 방향으로 좌회전 → 교촌교에서 우회전 → 교촌2길에서 좌회전

 참고문헌

《제민요술》(540년경), 《북유주경》(중국 송대), 《고려원경》(1124년), 《고려사계곡집》(1587~1638년), 《열하일기》(1780년), 《임원십육지》(1827년경), 《세종실록 오례의》

 맛있는  레시피

| 경주교동법주 레시피 |

① 통밀을 분쇄하여 반죽해 누룩 틀에 넣고 버선 뒤꿈치로 꼭꼭 밟는다. 원반형의 누룩이 만들어지면 30~35도 사이로 유지하면서 15일 정도 누룩을 띄운 뒤 햇볕을 쪼이며 골고루 말린다.

② 재래 토종 찹쌀만을 사용해 묽은 죽을 쑤어 완전히 식힌 뒤 누룩과 함께 섞는다. 항아리에 넣고 삼베로 항아리를 덮어 3일 정도 발효시킨 뒤 서늘한 장소로 옮긴다.

③ 찹쌀을 잘 씻어서 1시간 동안 담가두었다가 시루에 넣고 고두밥을 만든다. 밑술과 용수를 섞어서 덧술을 만든다. 덧술의 배합이 끝나면 술독으로 옮겨 담는다.

④ 술이 발효되어 고이기 시작하면(약 15~20일 후) 대나무로 만든 용수를 조심스럽게 술독 중앙에 박아 넣는다. 교동법주가 숙성용 독에 가득 고이면 고운 삼베로 뚜껑을 단단히 봉한다.

⑤ 맑고 투명한 미황색을 띨 때까지 적당히 숙성을 시킨다. 알코올 함량이 16~19% 내외일 때 술맛이 가장 적당하다.

추천여행코스

경주국립박물관 ⇨ 팔우정해장국 ⇨ 경주 최부잣집 ⇨
경주교동법주 ⇨ 선덕여왕릉 ⇨ 신라밀레니엄파크 ⇨
보문단지 산책 또는 호숫가 휴식 ⇨ 불국사 및 석굴암

여행정보

① **경주국립박물관(팔우정해장국)** 경주 일대에서 출토된 10만
점의 유물을 소장하고 있으며 2,500여 점의 유물을 상설전
시하고 있다.

② **최부잣집(경주교동법주)** 400년 동안 9대 진사와 12대 만석
꾼을 지낸 명가이다. 원래 99칸 대저택이었으나 1969년 화
재로 사랑채, 행랑 등이 소실되었고 문간채와 고방, 안채, 사
당, 뒤주가 남아 있다. 중요민속자료 제27호 문화재로 지정,
보존되고 있다.

③ **선덕여왕릉** 경주시 보문동에 있는 신라 제27대 선덕여왕
(632~647년)의 능은 사적 제182호로 둘레가 73m 정도인 평
이한 원형 봉토분이며, 자연석을 이용해 봉분 아래 2단 보호
석을 쌓은 것이 특징이다.

④ **신라밀레니엄파크** 보문단지 내 '신라'를 주제로 한 복합 체험
형 역사 테마파크로, 신라 건축물을 복원하여 조성한 신라마
을과 화랑 무예 훈련을 재현하는 화랑공연장이 있다.

⑤ **보문단지** 경주의 아름다운 호수, 보문호를 중심으로 조성된
종합관광휴양지로 가족과 연인들에게 인기 있으며 자전거를
빌려 타고 돌아보기에 적당하다.

⑥ **불국사** 토함산 기슭에 있는 불국사는 사적 및 명승 제1호로
지정되어 있으며, 1995년 세계문화유산에 등록되었다.

맛집

경주시내에서는 대릉원 주차장
주변에 전통경주할매쌈밥(743-
0966, 쌈밥) 등 쌈밥집들이 있고
남산자락에는 삼릉고향칼국수
(745-1038, 밀칼국수, 파전)가
있으며 요석궁(772-3347, 요석
정식)에서는 고급 한정식을 먹
을 수 있다.

숙소

호텔현대경주(748-2233), 경주
힐튼호텔(745-7788), 라궁(778-
2100), 발렌타인호텔(748-3232)
경주대명콘도(1588-4888), 펜
션포시즌(771-7234)이 있다.

못생긴 물고기, 유명인사 되다
울진 물곰탕

우리나라에서 맛볼 수 있는 어류 가운데 아구만큼이나 못생긴 것으로 둘째가라면 서러워할 물고기가 있으니 바로 물곰이다. 물곰은 쏨뱅이목 꼼칫과로 꼼치가 표준어지만, 곰치, 물메기, 물텀벙 등 각 지역별로 불리는 이름이 다양하다. 생김새를 보면 먹을 맛이 싹 달아나지만 일단 뜨끈한 물곰탕을 맛보면 해장음식 가운데 천하일미라 손을 꼽을 정도로 맛이 좋다. 못생겨서 심지어 잡혔다가 버려지기까지 했던 물곰은 이제 없어서 못 먹을 만큼 귀한 유명인사가 됐다. 물곰의 어(魚)생역전의 이야기를 한번 들어보자.

글 · 사진 | 문일식

해장의 대명사로 알려진 희한하게 생긴 물고기, 물곰

물곰은 예로부터 해장의 대명사로, 술 마신 다음 날 아침상에 오르던 속풀이 음식이다. 흑산도에서 귀양생활을 했던 정약전이 지은《자산어보》에도 물곰에 대한 이야기가 나온다. '미역어' '해점어'라는 이름으로 기록된 물곰은 "살과 뼈는 매우 연하고 무르며 맛도 싱겁지만, 술병을 고치는데 좋다"고 기록되어 있다. 이규경이 저술한《오주연문장전산고》에는 "해중에 수점이 있는데 살이 타락죽 같아 양로에 좋다"는 기록도 전한다.

물곰탕이 해장에 좋다는 일화는 5공화국 때에도 전한다. 전두환 대통령이 재직할 당시 울진으로 지방시찰을 왔다가 물곰탕을 맛보게 됐다. 이튿날 당진제철소 준공식에 참여했다가 과음을 했는데, 해장을 위해 '어제 먹었던 음식을 다시 가져오라'는 지시에 헬기를 띄워 울진에서 물곰탕을 공수했다는 이야기다.

물곰은 진짜 못생겼다. 생김새만 못생긴 게 아니라 미끈미끈한 몸과 물컹거리는 살이 말 그대로 '비호감'이다. 동해에서는 물곰 · 곰치, 남해에서는 물메기, 서해에서는 물잠뱅이라는 다양한 이름을 가지고 있다. 못생긴 외모에 재수가 없다며 잡자마자 버려졌는데, 물속으로 다시 들어갈 때 텀벙거리며 소리가 난다 하여 '물텀벙'이라 부르기도 했다. 하지만 물곰은 버려지던 물고기라기보다는 상대적으로 덜 먹게 된 물고기라는 편이 맞다. 몇십 년 전만 해도 바다에서 나는 먹거리가 지금보다 꽤 넉넉했다. 어족자원이 풍부했기 때문에 희한하게 생기고 맛도 물컹한 물곰을 상대적으로

동해안에서 주로 잡히는 물곰(곰치)은 비록 못생겼지만
버릴 게 전혀 없고 소화가 잘 되는 해장국의 대명사다.

덜 먹었던 것이다. 물곰은 대명수산식당 윤선동 사장도 가끔 접했다고 한다. 윤 사장의 어머니도 물곰탕을 끓였는데, 그때는 지금보다 된장을 많이 넣고 끓였다고 한다. 당시에도 해장국으로 먹던 음식인데 지금도 마찬가지지만 껍질뿐 아니라 머리, 애(내장)까지도 탕에 넣기 때문에 버릴 게 전혀 없었고, 내동댕이쳐진 물고기는 아니었다고 한다.

활어로 만드는 울진의 물곰탕

"돈 내고 먹는 것은 값어치가 있어야 한다"는 대명수산식당 윤선동 사장은 30여 년 동안 도시생활을 하다 고향인 울진으로 돌아왔다. 대구, 아구 등 활어탕을 전문으로 하다가 물곰이 많이 나는 지역의 특성을 살려 물곰을 전문적으로 취급하기 시작했다. 다른 집에서 물곰 몇 마리 갖다 놓을 때 대명수산식당에는 수족관이 꽉 찰 정도로 물곰을 들여놓는다고 하니 수족관은 말 그대로 물곰의 향연이다. 물곰은 생명력도 길어 얼음을 깔아 내륙으로 택배를 보내기도 한다. 수족관에 있는 물곰은 아무것도 먹지 않고도 수십 일을 견딘

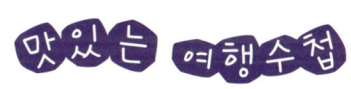

 물곰탕 제대로 즐기기

물곰은 7월과 8월에는 나지 않는다. "물곰이 방학에 들어간다"는 우스갯소리도 들린다. 물곰은 홍게잡이 배들이 부산물로 잡는 어종인데 홍게 철이 끝났으니 물곰이 당연히 안 날 수밖에. 물곰탕 취재를 위해 연락을 했을 때 대명수산식당 윤선동 사장은 "지금 수족관에 물곰 4마리밖에 없다"고 했다. 결국 물곰 때문에 취재일정까지 바꿔야 했고, 취재 당일 수족관에서 유유히 헤엄치는 물곰을 보았을 때 그렇게 반가울 수 없었다. 활어로 선보이는 물곰탕을 맛보려면 반드시 7월과 8월은 피할 것!

다. 활어로 항구로 들어온 뒤 물곰은 3일간 앞뒤로 속엣것을 뱉어낸다고 한다. 입이 커 먹이를 통째로 삼키기 때문에 물곰을 잡아 속을 들여다보면 게, 물고기 등이 그대로 남아있다. 때문에 물곰 뱃속에서 나온 것들로 탕을 끓여 먹어도 된다는 우스갯소리가 있다.

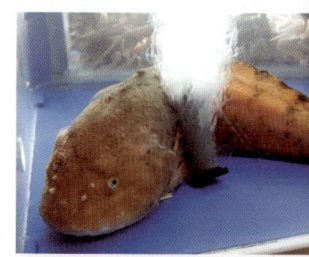

물곰은 홍게를 잡는 90톤급 통게발선이 잡는다. 아니 잡힌다는 표현이 더 적절한 것 같다. 통게발을 심해로 내려보내면 통게발에 걸려든 홍게를 잡아먹기 위해 물곰이 걸려든다. 물곰은 게, 새우, 작은 생선을 먹고 사는 육식성이기 때문이다. 몇 년 전만 해도 활어 물곰을 취급하지 않았다. 물곰이 잡히면 어부들끼리 서로 나눠 가질 정도로 흔하고 값어치가 없었다. 물곰이 귀한 대접을 받기 시작한 것은 물곰이 살 수 있도록 심해 환경을 유지해주는 수족관이 보급되면서부터다. 물곰은 심해에 살기 때문에 물의 수온을 3℃ 이하로 유지해 주어야 하고, 항상 수족관을 깨끗하게 유지하는 등 관리가 철저해야 살 수 있다고 한다. 냉각

맛있는 레시피

| 물곰탕 레시피 |

① 물곰의 껍질을 벗기고, 부위별로 썰어 준비한다.
② 물을 적게 잡고, 무와 된장, 소금을 넣고 끓인다.
③ 무가 익을 때쯤 준비한 물곰을 넣고 10~15분 정도 끓인다.
④ 물곰이 익으면 콩나물을 넣은 뒤 마지막에 파와 버섯을 넣고 적당히 끓여 낸다.

기를 이용한 수족관이 그 역할을 하면서 바다에서 후포항 위판장까지 산 채로 들여오게 됐고, 울진 물곰은 귀한 몸이 되었다. 특히 울진 근해에서 잡히는 물곰이 크고 맛이 좋아 더 값어치가 나간다고 한다.

물곰이 살아서 항구에 들어오다 보니 물곰탕도 자연스럽게 살아 있는 것으로 탕을 낸다. 탕의 재료가 신선하니 특유의 감칠맛 또한 짙다. 탕은 맑게 우려내는 지리탕이다. 물컹물컹한 살 때문에 물을 많이 잡지 않고, 대파, 콩나물, 무 등 간단한 식재료로 맛을 내는 게 특징이다. 탕뿐 아니라 회로도 맛볼 수 있다. 물곰회는 부탁을 하면 내주는 별미다. 물곰회는 물곰의 옆구리살이 주 부위다. 발라낸 살을 식초물에 버무려 내는데, 살이 단단해져 씹는 맛이 생기고 살균역할을 해준다. 한입에 먹을 수 있는 크기로 썰어 나오는 물곰회는 비린 맛이 전혀 없고 담백하다. 물곰탕은 해장에 좋을 뿐 아니라, 위에 부담이 없고 소화가 잘 된다. 물곰 가운데 껍질이 까맣고 거친 흑곰이 더 맛있다고 윤선동 사장은 귀띔한다.

 대명수산식당

주소 울진군 후포면 후포리 339-19번지 **전화** 788-1334
영업시간 08:00~21:00, 연중무휴
대명수산식당은 식당을 연 지는 얼마 되지 않지만, 다른 어종에 비해 수족관에 살아 있는 물곰이 더 많을 정도로 물곰탕을 전문으로 하는 식당이다. 이 밖에 아구탕, 대구탕도 맛볼 수 있다.

 찾아가는 길

중앙고속도로 풍기IC → 36번국도에서 울진 방면으로 직진 → 영양방면 31번국도에서 갈산로 방향으로 우회전 → 문암삼거리에서 평해 방면으로 좌회전 → 평해삼거리에서 영덕 방면 7번국도로 우회전 → 후포교차로에서 후포항 방면 → 후포항

 참고문헌

《자산어보》, 《오주연문장전산고》

일석이조, 두 가지 맛을 보다
울진 대게탕

미식가들의 즐거움은 산지에서 제철음식을 맛보는 것이다. '때'를 기다려야만 맛볼 수 있는 제철음식 가운데 최고의 별미로 대게를 손꼽는다. 대게 철이면 울진의 항구는 바다에서 잡아들인 대게만큼이나 많은 사람들로 북적인다. 대게를 맛보기 위해 즐거운 발걸음이 이어지기 때문이다. 대게 하면 푸짐한 속살을 쏙쏙 빼먹는 대게찜이 먼저 떠오르지만, 대게탕은 다소 생소하다. 하지만, 큼직한 대게로 끓여내는 대게탕은 대게찜과 다른 매력이 있다. 대게의 맛을 잃지 않으면서 얼큰한 국물까지 즐길 수 있기 때문이다.

글 · 사진 | 문일식

대게원조마을과 대게의 고향, 울진을 가다

대게원조마을이 있는 울진은 대게의 고향이라 해도 과언이 아니다. 대게의 생산량이 타지역에 비해 월등히 높을 뿐 아니라, 대게가 위판되는 항구만도 후포항, 구산항, 죽변항 등 3곳이나 된다. 생산량이 많음에도 울진대게가 잘 알려지지 않은 것은 교통이 불편해 대도시로의 공급이 쉽지 않았기 때문이다.

대게는 몸통에서 뻗어 나간 다리 모양이 대나무처럼 곧다 하여 붙여진 이름이다. 그리고 다리의 마디가 여섯 마디라 하여 죽촌 또는 죽육촌으로도 불리기도 했다. 영문명으로는 'snow crab'인데 게의 속살이 하얗기 때문에 붙여졌다.

조선시대의 종합 지리서인 《신증동국여지승람》에는 대게를 자해(紫蟹)로 표기해 평해군과 울진현의 특산물로 기록하고 있고, 김정호가 저술한 《대동지지》와 서유구가 저술한 《임원경제지》에도 대게가 등장할 만큼 울진은 대게의 주산지로 잘 알려져 있다. 조선 선조 때 울진으로 귀양을 온 아계 이산해가 저술한 《아계유고》에는 해진이라는 지명과 '해포'라는 시가 등장한다. 지명의 뜻을 풀어보면 '게의 포구'란 뜻으로 대게가 많이 나는 곳임을 알 수 있다. 해진 또는 해포는 지금의 평해읍 거일2리로, 오늘날 대게원조마을로 유명하다. 지난 2003년 대게유래비를 세워 대게잡이의 역사적 현장임을 알려주고 있다. 실제로 거일2리에서는 동력선을 이용해 게를 잡기 전까지 대게잡이를 가장 많이 한 곳이다. 후포항이 생기기 전까지는 거일2리에 대게잡이 배가 들어오면 늘 사람들로 북적였고, 마을 앞 백사장에 대게잡이 배를 정박시

컸다고 한다. 거일리의 마을 유래도 게와 깊은 관련이 있다. 거일은 마을의 지형이 '게알' 같이 생겼다 하여 붙여진 이름인데, '게알'에서 '기알' '거일'로 변하면서 불리게 되었다고 한다. 대게원조마을 바닷가에는 대게유래비와 함께 황금빛 거대한 울진대게가 푸른 바다를 배경으로 자태를 뽐내고 있다.

대게는 후포항에서 약 23km 정도 떨어진 '왕돌초' 또는 '왕돌짬'이라 불리는 암초에서 주로 잡는다. 북짬, 중짬, 남짬으로 불리는 세 개의 봉우리가 남북으로 길게 이어진 모습을 하고 있는데, 대게가 이곳에서 집중적으로 서식하고 있다. 예로부터 왕돌초는 대게뿐 아니라 다양한 해산물을 얻을 수 있는 곳이어서 제주도의 전설의 섬인 이어도와 같은 신성한 역할을 할 뿐 아니라 울진 어민들의 생명줄이자 텃밭 같은 존재다.

후포항에서 맛보는
대게의 또 다른 요리 대게탕

울진군 남쪽 끝자락에 있는 후포항은 울진 최대의 항구이자 대게의 최대 집산지이기도 하다. 후포항 입구에 있는 연수회식당은 대게찜과 함께 대게탕을 잘하는 집으로 알려져 있다. 외지사람들도 많이 찾지만 울진사람들이 음식접대를 위해 많이 찾는 곳 중 하나다. 연수횟집을 운영하는 황운석 씨는 울진이 고향으로, 오랫동안 외지에서 살다가 귀향한 지 올해로 6년째를 맞고 있다. 황운석 씨는 외지에서 일식집을 운영하며 음식경력을 쌓았고, 복요리 자격증까지 갖추며 갈고닦은 실력을 바탕으로 고향을 찾은 음식 전문가다. 홍게만 가지고 7가지 요리를 선보이며 방송을 타 유명세를 치르기도 했다.

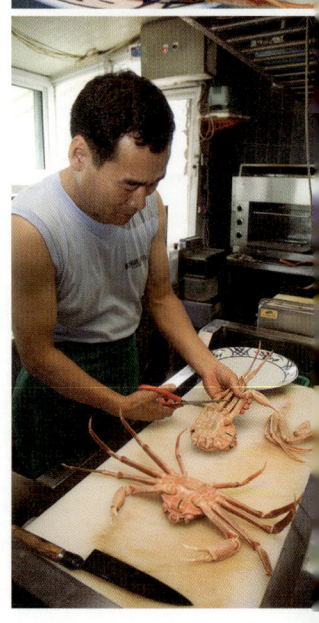

대게는 연수회식당 황운석 씨가 후포항에서 경매를 통해 직접 구한다. 요즘 경매는 손 대신 작은 나무패를 이용한다. 대게 경매가 시작되면 순식간에 끝나기 때문에 순간적인 집중력과 판단력이 필요하다고 한다. 10원 차이로 대게를 얻기도 하고, 뺏기기도 하기 때문이다. 황운석 씨는 강원도 앞바다나 구룡포, 울산 등지에서도 대게를 잡지만, 울진에서 나는 대게가 가장 맛이 좋다고 한다. 특히 등딱지가 9cm 정도 되는 대게를 '칫수'라고 부르는데, 이 대게가 가장 맛이 좋고, 정월대보름 전후로 나는 대게가 살이 가장 많이 올라 먹기 적당하다고 귀띔한다.

황운석 씨는 후포항이 매년 12월 1일이면 장관을 이룬다고 한다. 대게를 잡기 위해 왕돌초로 떠나는 어선들이 오전 7시를 기해 일제히 출발하기 때문이다. 대게는 일반적으로 12월부터 이듬해 5월까지 잡을 수 있고, 6월부터는 금어기로 대게를 잡을 수가 없다. 원래는 11월부터 대게를 잡을 수 있지만, 11월에 나는 대게는 살이 없어 상품가치가 떨어지기 때문에 어민들이 자발적으로 조업시기를 늦췄다고 한다. 대게도 잡히는 대로 다 거두는 게 아니다. 등딱지의 길이가 9cm 이상 되어야 하고, 찐빵을 닮았다 하여 빵게라 불리는 암컷 대게는 어족자원 보호차원에서 절대 잡을 수 없다.

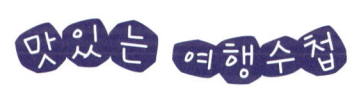

 맛있는 대게 고르기

맛있는 대게는 어떻게 고를까? 울진대게와 수입산 대게는 가격 차이가 제법 나지만 쉽게 구별하기가 어렵다. 수입산으로는 대부분 러시아산이 들어오는데, 산호초지역에 주로 서식하기 때문에 석회성분인 흰 점이 박혀 있는 게 특징이다. 울진대게는 흰 점이 없고, 배 부분이 깨끗하다. 대게는 크다고 맛있는 게 아니다. 대체로 연안에서 잡히는 9~10cm짜리 대게가 가장 살이 많고 맛도 좋다. 또한 몸에 비해 다리가 가늘고 길어야 하며, 불그스름하고 활발히 움직이는 것을 고르는 것이 좋다. 배의 부위가 물렁물렁한 것은 살이 꽉 차지 않아 상품가치가 없는 물게다.

대게탕은 대게 철에는 울진 앞바다에서 잡히는 대게를 사용하고, 철이 아닌 경우에는 러시아에서 들어오는 수입산을 사용한다. 대게탕 조리법은 대체로 간단하다. 대게를 부위별로 먹기 쉽게 잘라 놓은 뒤 비법으로 알려진 13가지의 재료가 들어간 양념장과 각종 야채를 넣고 끓여 낸다. 대게탕은 푸짐하고 담백한 속살의 맛과 얼큰한 국물이 어우러진 일석이조의 음식이다. 대게는 끓이기 전에 부위별로 잘라 놓기 때문에 먹기에도 수월하다. 대게의 향이 국물에도 진하게 배어 나오는 것은 두말할 나위가 없다. 대게는 지방 함량이 적고 필수아미노산이 풍부한 고단백 저칼로리 음식이다. 성장기 어린이와 환자의 보양식뿐 아니라 노화예방과 다이어트 식품으로도 알려져 있으니 남녀노소 막론하고 맛볼 수 있는 값진 음식이다.

 연수회식당
주소 울진군 후포면 후포리 623-11번지 **전화** 788-6633 **영업시간** 09:00~22:00, 연중무휴
연수회식당은 일식 주방장을 지낸 전문요리사가 운영하는 횟집이다. 대게탕뿐 아니라 각종 활어회와 복요리를 주로 한다.

 찾아가는 길
중앙고속도로 풍기IC → 36번국도에서 울진 방면으로 직진 → 영양 방면 31번국도에서 갈산로 방향으로 우회전 → 문암삼거리에서 평해 방면으로 좌회전 → 평해삼거리에서 영덕 방면 7번국도로 우회전 → 후포교차로에서 후포항 방면 → 후포항

 **참고문헌**
《울진향토문화대전》(울진대게 편, 울진의 마을이야기 거일2리 편)

| 대게탕 레시피 |

① 대게를 부위별로 잘라 손질한다.
② 대파, 무, 콩나물 등을 넣고 끓인다.
③ 육수가 끓으면 13가지 재료로 만든 양념장과 대게를 넣고 끓인다.
④ 미나리, 버섯을 넣고 간을 맞춘다.

추천여행코스

백암온천 ▷ 갓바위전망대 ▷ 울진대게유래비 ▷
대게탕 ▷ 숙박 ▷ 물곰탕 ▷ 민물고기생태체험관 ▷
불영사 ▷ 소광리 금강소나무숲

여행정보

① **백암온천** 신라 때부터 알려진 유서깊은 온천으로 백암산 기슭에 위치해 있다. 섭씨 48도의 수온으로 나트륨, 불소, 칼슘 등의 성분이 많이 함유되어 있다.

② **갓바위전망대** 갓바위 전망대는 울진대게를 형상화한 데크시설로 동해바다를 한눈에 볼 수 있는 전망대다.

③ **울진대게유래비(대게탕, 물곰탕)** 울진대게유래비는 울진대게의 유래가 전해지는 거일마을에 세워진 비석이다. 거대한 울진대게의 형상과, 《동국여지승람》과 《대동지지》에 전해지는 대게 유래에 대한 내용이 새겨져 있다.

④ **민물고기생태체험관** 우리나라 토종 민물고기의 보존과 체험을 위해 마련된 공간으로 야외 생태학습장을 시작으로 2개 층의 전시공간에 천연기념물, 멸종위기종, 외래종 등 다양한 민물고기뿐 아니라 수달도 만날 수 있다.

⑤ **불영사** 부처님 형상의 바위가 연못에 비춘다 하여 붙여진 불영사는 명승으로 지정된 불영사계곡에 위치해 있고, 응진전과 대웅보전 등 보물로 지정된 문화재들이 남아 있다.

⑥ **소광리 금강소나무숲** '22세기를 위하여 보존해야 할 아름다운 숲'으로 선정된 금강소나무 숲은 조선시대 때 목재의 안정적인 공급을 위해 황장봉산으로 지정해 엄격하게 관리했다. 금강소나무숲 입구에는 나라에서 일반인들이 나무 베는 것을 금지하기 위한 산림보호 경계를 표시한 표지석인 울진 소광리 황장봉계표석이 남아 있다.

맛집

대명수산식당과 이웃해 있는 후포수협수산물센터에는 김여사식당(788-5597), 후포회식당(787-3390) 등 5~6곳이 밀집해 있어 다양한 수산물과 회, 대게 등을 맛볼 수 있다. 후포25번 회대게식당(788-4003), 어부횟집(787-2116) 등에서는 대게탕을 낸다.

숙소

한화리조트(787-7001), 백암고려온천호텔(787-3191), 통고산 자연휴양림(783-3167), S모텔(781-5005), 테마모텔(787-7720) 등이 있다.

PART 3

원기충전, 최고의 경북 보양식 대탐험

남부권

경북 남부권은 보양식 천국이라 해도 과언이 아니다. 구미의 한방잉어찜, 경산의 염소탕, 영천의 육회, 고령의 도토리수제비, 성주의 꿩 샤브샤브, 칠곡의 순대국밥, 군위의 청동오리숯불고기, 청도의 추어탕까지 우리나라에서 손꼽히는 보양식을 경북 남부권에서 모두 맛볼 수 있다. 여기에 일본에 수출된 구미의 산동막걸리, 물좋은 성주와 청도의 가천막걸리와 동곡막걸리는 향과 맛이 뛰어나다. 보양식에 든든한 막걸리까지 맛본다면 그야말로 신선이 따로 없다.

맛과 보양의 절묘한 조화
구미 잉어찜

사람들이 음식으로 먹는 물고기는 매우 다양하다. 그중 원기를 돋우는 음식으로 손꼽히는 것이 잉어다. 사람들은 과연 언제부터 잉어를 먹어왔을까? 기원전 500년경 중국 도주공(陶朱公)이 저술한 《양어경(養魚經)》에 2,500년 전부터 잉어가 양식되어왔음을 알려주는 기록이 남아있다. 이는 잉어가 관상어로서뿐 아니라 사람들의 보양식으로도 널리 사용되었음을 미루어 짐작케 하는 기록이다. 우리나라에서도 오랜 시간 잉어를 먹어온 곳이 있다. 낙동강변에 자리한 구미시다.

글·사진 | 정철훈

효자 이야기에 단골로 등장하는 최고의 보양식

구미는 낙동강이 동서를 절반으로 가르는 독특한 지형을 하고 있다. 그래서 산업도시라는 지금의 이미지와는 달리 예로부터 민물고기를 이용한 요리가 발달한 지역이기도 하다. 그중에서도 으뜸은 잉어찜이다. 보양은 물론 맛도 좋아 '몸에 좋은 약은 입에 쓰다'는 편견을 한방에 날려버리는 구미의 대표 음식 중 하나이다.

최고의 보양식으로 알려진 잉어의 효험은 오래전부터 구전되어 오는 설화에서도 그 흔적을 찾아볼 수 있다. 대표적인 것이 노쇠한 부모를 위해 잉어를 구해오는 효자의 이야기다.

옛날 아주 가난한 집에 늙은 어머니를 모시고 사는 아들이 있었다. 마을에서 효자로 소문난 아들은 어머니가 드시고 싶어 하는 것은 무슨 일이 있어도 구해다 드렸다. 그러던 어느 날 갑자기 몸져눕게 된 어머니가 잉어를 먹고 싶다고 했다. 강물이 모두 얼어버린 엄동설한이었지만 아들은 무작정 강으로 나갔다. 별다른 도구가 없어 돌덩이로 얼음을 깨려 했지만 두껍게 언 얼음은 쉽게 깨지지 않았다. 하루 종일 돌로 얼음을 내리치던 아들은 결국 지쳐 쓰러지고 말았다. 아들은 자신의 정성이 부족해서 잉어를 잡지 못했다며 눈물을 쏟았다. 아들의 정성이 하늘에 가 닿았는지 순간 얼음이 갈라지면서 그 사이로 잉어 한 마리가 펄쩍 뛰어 올라왔다. 아들은 너무 기뻐 잉어를 들고 한달음에 집으로 돌아왔다. 그리고 정성껏 잉어를 고아 어머니의 식탁에 올렸다. 잉어를 먹은 노모는 그날로 병을 훌훌 털고 일어나 오래도록 건강하게

몸이 약했던 아버지를 위해 한 달에도
몇 번씩 식탁에 오르던 잉어찜과 잉어탕을
효심으로 개발해 별미가 된 구미 잉어찜

아들과 함께 살았다.

설화 속 이야기라 과장이 없진 않지만 그렇다고 전혀 근거 없는 내용도 아니다. 잉어는 단백질, 지방, 칼륨, 철 등 다양한 미네랄과 비타민B 거기에 히스티딘, 글리신과 같은 아미노산을 많이 함유하고 있고, 내장을 뺀 고기 전체를 약으로 사용할 수 있는 생선이기 때문이다. 한방에서 임신수유부와 노약자의 원기를 북돋워주는 최고의 보신약재로 잉어를 꼽는 이유도 여기에 있다.

아버지를 위해 어머니가 끓여내던 추억의 맛

구미에서 잉어찜으로 유명한 동네는 구미산업단지와 맞닿아 있는 비산동이다. 이곳은 조선시대 낙동강 중·상류지역 최대 물류기지였던 비산나루가 있던 곳으로 지금은 몇몇 매운탕집이 모여 자그마한 매운탕단지를 형성하고 있다. 잉어찜을 20년째 만들어 오고 있는 수림매운탕은 구미 매운탕단지 중에서도 가장 높은 곳에 위치해 있다.

수림매운탕의 이순자 사장이 잉어찜을 메뉴에 올린 건 식당을 시작하면서부터다. 하지만 그 인연은 여기에서 30여 년을 더 거슬러 올라간다. 몸이 약했던 아버지를 위해 한 달에도 몇 번씩 식탁에 오르던 잉어찜과 잉어탕에 대한 기억 때문이다. 어린

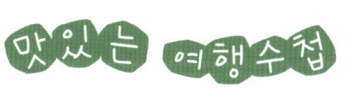
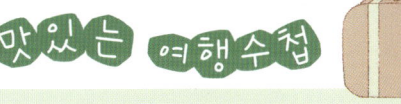

잉어찜 제대로 즐기기

잉어로는 탕을 끓이거나 죽을 쑤어 먹기도 한다. 하지만 그리 대중적이지는 않다. 약재와 함께 끓여내는 탕이나 멀겋게 쑤어내는 죽은 음식이라기보다는 약이라는 인식이 강할 뿐 아니라 살이 다 풀어져 잉어 본연의 맛을 느끼기도 힘들기 때문이다. 그에 비해 양념장과 함께 조려내는 잉어찜은 매콤한 맛에 더해 부드럽게 씹히는 잉어 살의 식감을 제대로 즐길 수 있어 반찬으로도, 안주로도 손색이 없다. 잉어찜을 먹을 때는 잔뼈에 주의해야 한다. 잉어에는 'Y'자 모양의 잔뼈가 많은데, 살을 바를 때 흩트리지 말고 등뼈를 따라 길게 덜어내면 잔뼈 없이 살코기만을 발라낼 수 있다.

나이에도 밍밍한 잉어탕보다는 매콤한 잉어찜이 더 입맛에 맞았다는 그녀는 아버지가 발라주던 잉어의 도톰한 살코기와 꼬득꼬득한 껍질의 맛을 지금도 잊을 수 없다고 했다. 특히 육고기만큼 쫄깃하게 씹히던 눈 밑 살은 어머니의 따가운 눈총에도 불구하고 아버지가 주시는 족족 잘도 받아먹었을 만큼 맛있었다고. 하지만 이순자 사장의 기억 속에 남아 있는 게 비단 그 맛만은 아니다. 하루종일 부엌에 앉아 보약 달이듯 정성껏 잉어를 손질하던 어머니의 애틋한 모습도 잊을 수가 없다. 어머니는 한겨울에도 바로 퍼낸 우물물로만 잉어를 헹구셨고, 한여름 불볕더위에도 묵묵히 아궁이 앞을 지키셨다. 이순자 사장이 잉어찜 맛의 비결을 묻는 질문에 '정성'이라고 자신 있게 말할 수 있는 것 역시 그때 보았던 어머니의 이런 모습 때문이다.

수림매운탕 잉어찜은 잉어 특유의 비린내인 해감내가 전혀 나지 않는 것으로도 유명하다. 사실 이순자 사장이 가장

맛있는 레시피

| 잉어찜 레시피 |

1 잉어의 아가미와 비늘을 제거하고 내장과 피를 말끔히 빼낸다.
2 식초에 10분 정도 담가 비린내를 제거한다.
3 몸통에 적당한 간격으로 칼집을 낸다.
4 칼집 사이로 후추 섞은 소금을 뿌려 간을 한다.
5 냄비 밑에 무청을 깔고 몸통 전체에 양념장을 골고루 발라 중불로 10분간 끓여낸다.
6 몸통과 뱃속에 양념을 한 번 더 발라 강한 불로 다시 10분간 쪄내듯 끓인다
7 계란지단, 팽이버섯, 당근, 고추, 파 등 고명을 올려 마무리한다.

고민하고 신경을 쓰는 것도 이 부분이다. 민물생선의 비린내는 대부분 아가미에 남아 있는 해감에 의해 생기는데, 수림매운탕에서는 흙내라고도 하는 이 해감내를 없애기 위해 이중삼중의 장치를 마련해 두고 있다. 우선 일주일 정도 굶긴 잉어만을 양식장에서 들여오고 이를 지하수로 채운 수조에 이틀 정도 더 담가둔다. 이때 수조의 지하수는 1시간 간격으로 계속 갈아주는데, 그렇게 총 10일 정도 꾸준히 해감을 빼낸 잉어만을 손님 식탁에 올린다. 일반 식당에서 3~4시간 정도 물에 담가두는 것에 비하면 보통 노력과 정성이 아니다. 20년 동안 한결같은 맛을 유지할 수 있었던 것도 이처럼 작은 원칙을 지키는 마음가짐이 있었기에 가능한 일이었을 것이다.

 수림매운탕

주소 구미시 비산동 39번지 **전화** 464-6677 **영업시간** 09:00~22:00, 연중무휴
20년 전통을 자랑하는 수림매운탕에서는 잉어찜 외에도 메기매운탕이나 쏘가리매운탕 등 민물고기를 이용하는 대부분의 음식을 맛볼 수 있다.

 찾아가는 길

경부고속도로 구미IC → 중앙로사거리에서 산업단지 방면으로 우회전 → 야은로에서 농산물도매시장 방면으로 좌회전 → 33번국도에서 강변로 방면으로 우회전 → 비산교에서 체육공원 방면으로 우회전 → 수림매운탕

 참고문헌

《한국구비문학대계》(1980~1988년, 한국정신문화연구원)

술의 역사는 그 시작을 가늠할 수 없을 만큼 멀고도 깊다. '신이 물을 만들고 사람은 술을 만들었다'는 말이 있을 정도니 인간의 역사가 곧 술의 역사라 해도 과언이 아니다. 그래서 술이 언제부터 만들어졌는지는 정확히 알 수 없다. 다만 문자가 만들어지기 전인 중국 은나라시대 술 빚는 항아리가 발견된 것에 비추어 그 이전에도 술이 존재하지 않았을까 추측할 뿐이다.

글 · 사진 | 정철훈

한민족의 역사와 함께한 술, 막걸리

최초의 술은 인간에 의해서가 아니라 자연발생적으로 만들어졌다는 시각도 있다. 나무의 움푹한 곳에 포도송이가 떨어져 쌓여 있다가, 포도껍질의 당분과 공기 속 효모가 자연발효 되면서 포도주가 만들어졌다는 것이다. 실제로 원숭이 중에는 이런 식으로 술을 담가 먹는 종도 있다고 알려져 있다.

이를 근거로 사람이 담근 최초의 술은 과실주, 그중에서도 포도주였을 것으로 추정한다. 실제로 신석기시대인 기원전 6천 년경 지금의 이라크 지역에서 메소포타미아인들이 포도주를 빚었던 흔적이 발견되있고, 초기 청동기시대 고대 이집트 지역의 고분벽화에도 포도주를 담는 그림이 기록으로 남아 있다.

그럼 우리 민족은 어땠을까. 술 이야기가 나오는 우리나라 최초의 문헌은 1287년 이승휴가 지은 《제왕운기》이다. 고구려의 시조 주몽의 탄생설화를 적은 고삼국사 동명성왕 건국담에 '천제의 아들 해모수가 하백의 딸 유화에게 술을 대접한 뒤 만취한 유화와 하룻밤을 보내고 주몽을 잉태했다'는 내용이 그것이다. 하지만 유화가 마신 술이 어떤 술인지에 대해서는 남아 있는 기록이 없다. 다만 당시 시대상과 단군신화에 나오는 신농주(神農酒)를 근거로 곡주가 아니었을까 짐작만 해볼 뿐이다. 단군신화에는 매년 가을 신곡을 수확한 뒤 신농제(神農祭)를 지낼 때 햇곡으로 빚은 신농주도 함께 올렸다는 이야기가 전해온다. 신농주를 막걸리의 원조로 보는 것도, 막걸리를 '농주'라 부르는 것도 여기에서 비롯된 것이다.

이쯤 되면 단군신화 속에 나오는 신농주의 모습이 궁금하지 않을 수 없다. 과연 신농주는 어떤 술이었을까. 햇곡으로 빚은 술이니 곡주임에는 틀림이 없지만 지금의 막걸리와는 만드는 방법이나 모양에서 많은 차이가 있을 것이 분명하다. 1614년 이광수가 저술한 《지봉유설》에선 이에 대한 작은 실마리를 찾을 수 있다. 바로 처녀들이 바닷물로 입을 헹궈낸 뒤 쌀을 씹어 술을 만들었던 미인주가 그것이다. 최초의 곡주로 알려진 미인주에 대해서는 《지봉유설》에 앞서 중국 남북조시대의 문헌인 《위서》에도 그 흔적이 남아 있다. '물길국(勿吉國:말갈)에서 곡물을 씹어서 술을 빚는데 이것을 마시면 능히 취한다'는 내용이다. 흥미로운 건 일부 부족에서는 이렇게 빚은 술을 조상의 제사에 사용했다는 점이다. 신농주가 제주였다는 것과도 맞아떨어지는 대목이 아닐 수 없다.

끊임없는 연구개발로 지켜온 전통의 맛

산동양조장은 65년의 전통을 자랑하는 구미의 유일한 양조장이다. 구미에는 산동양조장을 포함해 모두 25곳의 양조장이 있었다. 하지만 지금껏 그 명맥을 이어오는 곳은 산동양조장 뿐이다. 때문에 구미사람들은 산동양조장에서 생산하는 산동막걸리를 구미의 자존심이라 말한다.

산동양조장을 이끌고 있는 정신자 대표는 시아버지가 운영하던 이곳 양조장을 지난 1986년 이어받았다. 시아버지의 간곡한 부탁을 거절할 수가 없어 덜컥 대표 자리를 맡았지만 걱정이 없었던 건 아니다. 평생을 교사로 생활했던 정신자 대표에게 양조장 운영은 분명 새로운 도전이었기 때문이다. 무엇보다 막걸리에 대한 공부가 필요했다. 정신자 대표는 시간이 날 때마다 막걸리에 대한 책과 논문을 찾아

읽고, 직원들이 돌아간 뒤에 혼자 양조장에 남아 물과 누룩을 살폈다. 쉽지는 않았지만 그렇게 하나하나 배워가면서 자신감도 그만큼씩 쌓여갔다. 하지만 시련은 생각보다 일찍 찾아왔다. 가업을 잇겠다는 마음 하나로 시작한 일이었지만 양조장 운영을 맡은 지 2년도 되지 않아 막걸리 사업이 하향세로 접어들었다. 모든 국민을 들뜨게 했던 '88서울올림픽'이 막걸리 업계에는 되레 악재로 작용한 것이다. 세계화를 외치면서 맥주와 와인의 소비가 늘었고, 설상가상으로 영농기계화 바람이 불면서 시골에서마저 막걸리 소비가 줄었다. 주변의 양조장들이 하나둘 씩 문을 닫기 시작한 것도 그즈음이다. 지난 40년간 쌓아온 신뢰가 없었다면 산동양조장의 운명도 예측할 수 없는 상황이었다. 그때 정신자 대표가 생각한 것이 끊임없는 연구 개발이었다. 1996년 업계에서는 처음으로 육각수 정수기를 이용해 막걸리를 만들었고, 막걸리 소비가 줄어들 때는 과감히 옥수수술, 조술, 누룽지술 등 다양한 종류의 술을 선보이면서 정면 돌파를 시도했다. 1997년 일본 오사카 한인타운에 생막걸리를 수출할 수 있었던 것도 이런 노력이 밑바탕 되었기 때문이다.

산동양조장에서는 국산 쌀과 직접 제조한 누룩을 사용해 막걸리를 빚는다. 특히 누룩제조는 정신자 사장이 가장 신경을 쓰는 부분이다. 많은 양조장에서 공장용 누룩을 사용하고 있지만 정신자 사장이 아직껏 직접 제조한 누룩만을 고집하는 건 술 맛은 누룩 맛이라는 믿음 때문이다.

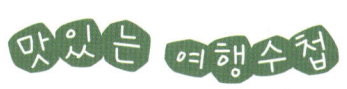 

 막걸리 맛에 대한 고집

산동양조장에서는 포장이 끝난 산동막걸리를 바로 출시하지 않고 냉장보관실에서 3일간 저온숙성한 뒤 출시한다. 이는 막걸리 맛이 가장 좋을 때 제품을 출시해야 한다는 정신자 대표의 고집에서 비롯된 것이다. 양조장은 물론 구미시내 대부분의 하나로마트에서 구입이 가능하다. 산동막걸리는 오사카에 생막걸리를 수출하기도 했다.

정신자 대표는 지난 65년을 밑천삼아 앞으로의 65년을 준비할 생각이다. 전통을 지키면서도 소비자의 기호변화에 대응하기 위해 최근에 양조장도 최신설비로 새롭게 단장했다. 종부의 정신으로 이어온 산동막걸리의 새로운 도전과 변신이 기대되는 이유다.

 산동양조장

주소 구미시 산동면 적림리 127-1 **전화** 472-2928 **영업시간** 09:00~18:00, 매주 일요일 휴무

산동양조장에서는 주력 상품이라고 할 수 있는 산동생막걸리와 함께 생찹쌀동동주도 제조하고 있다. 산동양조장에서는 하루 60~100말(1000ℓ) 정도의 막걸리를 생산한다.

 찾아가는 길

경부고속도로 구미IC → IC교차로에서 인동 방향으로 우회전 →
선산 방향 → 신평사거리에서 비산동 방향으로 우회전 →
비산로 방향으로 우회전 → 산호대교 → 양포주민센터 →
해마루공원에서 좌회전 → 산동교차로 직진 →
적림삼거리에서 좌회전 → 산동면사무소 → 산동양조장

 참고문헌

《한국식품사회사》(1984년, 교문사),
《우리 땅에서 익는 우리 술》(2003년, 서해문집),
《알코올의 야누스적 문화》(2002년, 창조문화)

  맛있는 레시피

| 산동막걸리 레시피 |

  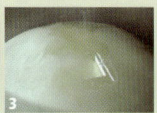  

①멥쌀을 깨끗이 씻어 하루정도 불려 고두밥을 만든다.
②쌀을 찜통에 찐 뒤 누룩과 함께 발효시킨다.
③밑술을 만든다.
④1차 담금. ⑤2차 담금.
⑥숙성과 제성 과정을 거쳐 완성.

 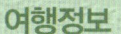

추천여행코스

금오산도립공원 ⇨ 박정희대통령생가 ⇨
유비쿼터스체험관 ⇨ 도리사 ⇨ 선산 죽장동오층석탑
⇨ 선산 낙산리고분군

여행정보

① **금오산도립공원** 우리나라 최초의 도립공원인 금오산도립공원에는 임진왜란 당시 축성한 금오산성과 도선이 창건한 해운사와 도선굴이 있으며, 이외에도 금오지, 채미정, 약사암, 금오산마애보살입상 등 많은 볼거리와 문화재를 품고 있다.

② **박정희대통령생가(수림매운탕)** 박정희 전 대통령의 생가에는 안채와 사랑채 그리고 1979년에 설치한 추모관이 있다. 건립 당시 초가였던 안채는 1964년 지금의 모습인 근대식 벽돌집으로 개축되었다.

③ **유비쿼터스체험관(산동양조장)** 국립금오공과대학교 내에 자리한 구미 유비쿼터스체험관은 컴퓨터 네트워크를 통한 미래 생활환경을 직접 체험해 볼 수 있는 곳이다.

④ **도리사** 신라시대 최초의 사찰인 도리사는 신라 눌지왕(417) 때 고구려 승려 아도화상이 세운 사찰로 부처님의 진신사리를 모신 적멸보궁과 조선 후기 새롭게 증축한 극락전 그리고 도리사 석탑(보물 제470호) 등이 남아 있다.

⑤ **선산 죽장동오층석탑** 통일신라시대 오층석탑인 선산 죽장동오층석탑은 우리나라에 남아 있는 오층석탑으로서는 규모가 가장 크다.

⑥ **선산 낙산리고분군** 구미시 해평면 선산 낙산리 일대에 있는 고분은 원삼국에서 통일신라에 이르는 3~7세기의 것들로, 이 일대에만 크고 작은 고분 200여 기가 밀집해 있다.

맛집

수림매운탕 인근에 자그마하나마 매운탕집들이 단지를 형성하고 있다. 수림매운탕 외에도 대구식당(463-4872), 한양매운탕(461-4873) 등이 추천할 만하다. 금오산 입구의 버드나무백숙(452-5069), 고향촌한정식(455-3010), 금오산백숙(457-2151) 등은 한방백숙집이 유명한 집들이며, 선산읍 동부리에 위치한 선산대한곱창(481-2970)도 구미에서는 빼놓을 수 없는 맛집이다.

숙소

금오산 도립공원이 위치한 남통동 인근에 숙소가 많다. 파크비즈니스호텔(451-9000), 힐타운모텔(453-1100), 실크로드모텔(457-6341) 등이 깨끗한 편이며, 구미시 옥성면 주아리에 위치한 옥성자연휴양림(481-4052, www.gumihy.com)도 추천할 만하다.

하늘이 내린 최고의 보양식
경산 흑염소탕

경산시 자인면의 옛 지명은 여량(餘糧)이다. '양식이 넉넉한' 마을이라는 뜻이다. 농사만 지어도 먹고사는 데 별 걱정 없던 이곳 사람들은 오래전부터 소일 삼아 흑염소를 쳤다. 사육 조건이 까다롭지 않고 번식력이 왕성한 흑염소는 금세 마을 전체로 퍼져 나갔다. 쇠고기나 돼지고기보다 흔했던 흑염소고기가 밥상에 자주 오르는 것은 당연한 일. 자인면 사람들은 지금도 장터에 가면 일반 국밥 대신 흑염소탕을 먹는다. 그만큼 친숙한 음식이라는 얘기다.

글 · 사진 | 정철훈

남녀노소 누구나 즐기는 웰빙 건강식

흑염소에 대한 기록 중 가장 오래된 것은 6세기 초에 간행된 《제민요술》이다. 중국에 현존하는 가장 오래된 농업 기술서인 이 책에는 "양의 종류에 백양(白羊)과 고양(羖羊)이 있다"라고 적고 있는데, 여기서 고양이 바로 흑염소를 가리킨다.

그럼 우리나라에서는 어땠을까? 많은 문헌에서 양(羊)이라는 글자는 흔히 발견된다. 하지만 이들 기록에 나오는 양이 염소인지는 명확하지 않다. 당시에는 면양과 염소를 구분하지 않고 모두 양이라 적었기 때문이다. 그래서 이전의 기록은 무시하고, 고려 충선왕(1308~1313년) 때 안우가 중국에서 염소 500마리를 가져와 경상도에서 키운 것을 염소 사육의 시초로 보는 게 일반적이다. 이후 조선시대로 넘어오면 각종 문헌과 상소에 염소에 대한 기록이 심심찮게 등장한다. 《세종실록》에는 "고(羔 · 흑양 고), 양(羊) 등이 관이나 부잣집에서 많이 이용되었다"라는 내용이 나오는데, 이것은 흑염소와 일반 염소를 구분해 기록한 우리나라 최초의 기록이기도 하다.

흑염소는 자타가 공인하는 최고의 보양식이다. 혹자는 흑염소를 하늘이 내린 최고의 보양식이라고까지 한다. 이는 칼슘과 철분 등 각종 무기질이 풍부할 뿐 아니라 육류에서는 드물게 토코페롤을 다량 함유하고 있기 때문이다. 성장기 아이들의 영양식과, 임신부나 환자들의 보양식으로 흑염소가 첫손에 꼽히는 이유다. 고단백 저칼로리 식품의 전형이라 할 수 있는 흑염소는 다이어트 식품으로도 손색이 없다. 앞서 언급한 토코페롤은 여성의 피부 미용에도 좋은 성분으로 알려져 있어 몸매와 피부를

동시에 관리하고 싶은 여성에게 더없이 좋다.

흑염소는 갖은 약재와 함께 중탕해서 먹는 경우가 흔하다. 이는 흑염소의 뛰어난 약리효과 때문인데, 《본초강목》에서는 흑염소가 "원양(元陽)을 보하고 허약 체질을 개선한다"라고 했고, 《신약본초》에서는 "보혈 작용과 혈액순환 개선으로 동맥경화, 당뇨병, 고혈압 등 성인병을 예방한다"라고 적고 있다. 실제로 우리나라에서 소비되는 흑염소의 80% 이상은 건강보조식품, 즉 염소육골즙으로 유통되고 있다.

흑염소는 맛과 육질에서도 소나 돼지에 결코 뒤지지 않는다. 아직까지 그리 대중적이지는 않지만 탕, 수육, 불고기 등 제법 다양한 종류의 흑염소고기 요리가 선보이고 있다. 그중 대표적인 것은 역시 대파를 숭숭 썰어 넣고 얼큰하게 끓여내는 탕이다.

노린내 없는 암염소로 끓여낸 담백한 맛

경산시 자인면 동부동에 위치한 원조회나무흑염소식당은 30년째 탕을 비롯해 수육, 불고기 등 다양한 흑염소 요리를 선보이는 집이다.

흑염소탕을 유독 좋아했던 이 식당의 이명진 사장은 어린 시절 아버지를 따라 장에 가서 먹던 흑염소탕이 그렇게 맛있을 수 없었다고 한다. 장날이 오기만을 손꼽아 기다린 건 순전히 흑염소탕 때문이었다. 나이가 들어서는 직접 식당을 찾아다니며 흑

염소탕을 즐길 정도로 마니아가 되었다. 급기야 직접 흑염소고기 요리에 도전해보고 싶은 욕심이 생겼고, 십수 년간 단골로 드나들던 곳에서 요리를 배웠다. 단골로 맺어진 인연이 스승과 제자의 관계로 이어진 것이다.

이명진 사장이 요리를 배우는 동안 귀에 딱지가 앉을 정도로 들은 얘기는 좋은 고기를 쓰라는 것이었다. 양념의 맛을 내는 것도 중요하고, 정성을 다해 끓여내는 것도 중요하지만, 음식의 재료가 되는 고기가 좋아야 제대로 된 요리를 만들어 낼 수 있다는 가르침이었다. 사실 흑염소고기는 그 특유의 냄새 때문에 꺼리는 사람이 적지 않다. 이에 대해 이명진 사장은 흑염소고기, 특히 요리에 사용하는 고기에서 노린내가 나는 것은 전적으로 식당 주인의 책임이라고 말한다. 고기만 제대로 써도 흑염소의 노린내는 100% 제거할 수 있다는 것이다.

흑염소의 노린내는 대부분 수컷의 호르몬 때문에 생긴다. 그래서 거세한 숫염소나 암염소에서는 노린내가 나지 않는다. 이명진 사장이 생후 3년 미만의 암염소만을 고집하는 이유가 여기에 있다. 물론 가격 면에서 수컷과 암컷의 차이는 크다. 주변에서는 거세한 숫염소나 어린 숫염소를 쓰면 되지 않느냐고 하지만 이명진 사장은 단호하다. 노린내는 안 날지 몰라도 육질에서는 분명 차이가 있기 때문이다. 돈 몇 푼 더 벌겠다고 손님의 입맛, 나아가 자신의 입맛까지 속일 수는 없다는 얘기다.

흑염소탕은 큼직하게 썰어낸 고기에 대파를 푸짐하게 얹어 먹어야 제맛이다. 쫄깃하게 씹히는 고기에 아삭한 대파가 묘하게 어우러진다. 씹을수록 단맛이 배어나

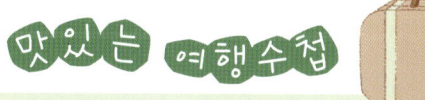

🖊 흑염소고기 제대로 즐기기

흑염소는 요리에 따라 사용하는 부위가 다르다. 탕에는 앞다릿살, 불고기에는 뒷다릿살, 수육에는 앞다릿살과 가슴살이 사용된다. 양껏 시켜 부위별 맛을 모두 볼 수는 없는 일이지만 놓치지 말아야 할 것은 있다. 바로 흑염소의 내장과 껍질이다. 흑염소고기 요리에서 별미 중 별미로 통하는 이들 부위는 한 마리에서 나오는 양이 워낙 적어 요리를 주문할 때 미리 부탁하지 않으면 맛을 보기 힘들다.

는 대파 때문인지 뒷맛도 무
척 개운하다. 원조회나무
흑염소 식당에서는 탕 외
에도 흑염소수육과 흑염소불
고기도 함께 맛볼 수 있다. 특히 달
콤한 간장 소스를 입혀 숯불에 구워내는 흑
염소불고기는 맛도 맛이지만 쫀득쫀득 씹히는 식감
이 일품이다.

원조회나무흑염소식당
주소 경산시 자인면 동부 2동 **전화** 813-2010 **영업시간** 08:00~22:00, 연중무휴
30년 전통을 자랑하는 흑염소 전문 식당이다. 흑염소탕과 함께 전골, 수육, 불고기 등
다양한 종류의 흑염소고기 요리를 즐길 수 있다.

찾아가는 길
경부고속도로 경산IC → 진량공단 방향으로 우회전 → 신상 교차로(청도 자인 방향
고가도로) → 자인면사무소 → 자인초등학교 앞에서 용성 운문사 방향으로 우회전
→ 자인 버스정류장 → 원조회나무흑염소식당

참고문헌
《본초강목》(1596년)

맛있는 레시피

| 흑염소탕 레시피 |

① 흑염소 뼈를 넣고 24시간 이상 끓여 육수를 만든다.
② 육수가 완성되면 간장, 고춧가루, 다진마늘 등을 이용해 만든 양념장을 넣고 다시 끓인다.
③ 대파를 넣는다.
④ 삶아놓은 흑염소고기를 먹기 좋게 썰어 넣고 데치듯 살짝 끓여 마무리한다.

추천여행코스

갓바위 ⇨ 불굴사 ⇨ 삽살개육종연구소 ⇨
경산시립박물관 ⇨ 임당동고분군

맛집

흑염소고기 요리로 유명한 경산시 자인면 일대에는 원조회나무흑염소식당 외에도 부흥흑염소(857-2013), 남광흑염소(854-9010), 세미흑염소(857-3755) 등에서 흑염소고기 요리를 즐길 수 있다. 갓바위가 있는 와촌면 부근의 제2솔매기(852-9344), 숲속(852-9588) 등은 촌두부가 유명한 집들이다.

여행정보

① **갓바위** 팔공산 갓바위의 정확한 명칭은 관봉석조여래좌상(보물 제431호)이다. 석조여래좌상의 머리 위에 갓을 닮은 돌이 올려져 있어 갓바위라 부른다. 정성을 다해 기도하면 한 가지 소원은 반드시 들어주는 불상으로 유명하다.

② **불굴사** 신라 신문왕 10년(690)에 건립된 불굴사에는 삼층석탑(보물 제429호)과 부처님의 진신사리를 모신 적멸보궁 그리고 석조입불상(경상북도 문화재자료 제401호)을 모신 약사보전 등이 있으며 김유신 장군과 원효대사가 수도했다는 천연석굴 법당인 홍주암이 있다.

③ **삽살개육종연구소(원조회나무흑염소식당)** 우리나라에선 유일하게 삽살개(천연기념물 제368호)의 혈통 보존을 위해 만들어진 연구소다. 연구소 내에는 삽살개들이 생활하는 견사와 훈련소가 갖춰져 있으며, 견학도 가능하다.

④ **경산시립박물관** 경산 지역의 역사와 문화를 한눈에 살필 수 있는 박물관으로, 근대 경산의 모습을 전시한 제1전시실과 조선시대와 통일신라를 아우르는 제2전시실 그리고 고대국가였던 압독국과 선사시대 유물이 전시된 제3전시실로 꾸며져 있다.

⑤ **임당동고분군** 임당동고분군에는 4~6세기 것으로 추정되는 고분 30여 기가 세 개의 군락을 이루며 모여 있다. 각각의 고분은 지름이 7~30m이며, 고분군 옆에는 7호분 발굴 모습을 재현해놓은 전시관도 마련돼 있다.

숙소

경산시의 모텔들은 대부분 옥산동에 집중돼 있다. 발리파크(814-6556), 리베라(816-8100), 메리어트모텔(812-7740) 등이 깨끗한 편이며, 남산면 상대리의 상대온천관광호텔(851-6645)과 압량면 금구리의 경산용암웰빙스파(817-5500)는 온천과 숙박을 동시에 해결할 수 있는 곳이다.

공자님도 즐기던 음식
영천 육회

예부터 음식의 맛을 가장 정확히 알고 즐기는 것은 생(生)으로 먹는 것이라 했다. 불(火)을 대지 않아야 식재료 고유의 맛을 느낄 수 있는 법. 야채와 과일은 물론 고기도 마찬가지다. 맛을 위해서라기보다 불을 사용하지 못했던 아주 먼 옛날, 즉 인류의 역사가 시작될 때부터 생고기를 먹었겠지만 문헌상에는 원나라 《거가필용》에서부터 육회에 대한 기록이 있다. 고려 말 몽고인들을 통해 들어온 육회는 고기의 상태나 양 등 여러 면에서 고급스러운 음식이었다.

글·사진 | 이동미

고기의 날것을 잘게 썬 육회

육회. 회는 회인데 생선회가 아니라 고기회다. 소를 잡아 익히지 않은 생고기를 썰어서 먹는 것이니 문득 이런 음식을 공자도 드셨을까 하는 의구심이 든다.

잠시 공자의 밥상을 살짝 엿보자. 공자와 그 제자들의 대화를 기록한 책인 논어의 향당 편에 공자의 식습관이 나온다. "밥은 정미된 흰 쌀밥을 싫어하지 않으시고, 회(膾)는 가늘게 썬 것을 싫어하지 않으셨다. (……) 바르게 잘리지 않았으면 먹지 않으셨고, 간이 맞지 않는 것도 먹지 않으셨다. 고기가 많아도 주식보다 많이 먹지 않으셨다. 술은 양을 제한하지 않았으나 취해서 난삽하게 되는 일이 없으셨다." 참으로 까다로운 분이다.

공자가 드셨다는 '회'는 고기육(肉=月)변이 들어간 '膾'이니, 생선회가 아니라 쇠고기회 곧 육회다. 《예기》 '내칙'에도 "고기의 날것을 잘게 썬 것을 회라고 한다"라고 했으니, 회는 육회이며 그 조리법은 고기를 가늘게 채 써는 것이다. 이처럼 중국에는 옛날부터 회라는 음식이 있었고, 사람들이 이를 즐겨 먹었음이 확실하다.

우리나라에 회가 들어온 것은 중국과의 교류가 빈번해진 삼국시대 초로 보인다. 그러나 불교를 숭상하는 고려시대에는 살생을 꺼렸으므로 육식이 줄었다가 몽골이 고려를 지배하면서 육식이 늘어난 것으로 추정된다. 《어우야담》에 보면 임진왜란 때 중국 군사 10만 명이 오랫동안 우리나라에 주둔하였는데, 우리나라 사람들이 회 먹는 것을 보고 중국 군사들이 더럽다고 모두 침을 뱉었다. 그것을 보고 우리나라 한 선비가 말하기를 "일찍이 공자께서도 좋아한 것인데 어찌 그대들의 말이 그렇게 지나친가"라고 논박하였다는 기록이 보인다. 조선시대에는 유교를 숭상하는 분위기였으니 공자의 행보를 따라 육회를 먹은 것으로 볼 수 있다.

미나리와 파만으로 무친 영천식 육회

공자도 좋아했던 육회를 잘하는 집이 경북 영천에 있다. 편대장영화식당이다. 그런데 이곳에서 만난 육회는 배와 달걀노른자를 곁들이는 일반적인 육회와 조금 차이가 있다. 미나리, 파, 참기름, 마늘, 설탕으로 양념하여 일반 육회보다 담백하다. 그 이유를 물으니 계란을 넣으면 계란 비린내가 고기 맛을 죽이고 또 색이 변해 고유한 풍미를 떨어뜨린다는 것이다. 미나리는 향 때문에 넣고 파는 물기가 많지만 뒷맛이 개운하기에 넣는다는 것이다. 육회에 대한 나름의 자부심과 고집이 있는 편대장영화식당 주인장인 편철권 씨의 이야기다.

육회를 파는 편대장영화식당이 문을 연 것이 1962년이니 40년의 역사를 자랑한다. 식당을 처음 연 사람은 어머니 장옥주 씨다. 처음에는 고기 굽고 국 파는 실비식당으로 출발했으나 시간이 지나면서 육회 한 가지만 파는 육회 전문식당으로 가닥을 잡았다. 육회집으로 각광받는 데에는 3사관학교 장교들이 일조했다. 70년대만 해도 창구동 영양옥, 중앙동 삼합 등 10여 군데의 요정이 있었지만 비용이 만만치 않아 이곳에 와서 회식하는 장교, 교사, 공무원들이 많았다. 더불어 영천장도 한몫을 했다. 대구 약령시장, 안동장과 더불어 경상도 3대 시장인 경북 영천시 영천장은 2일, 7일 장으로 부산·대구·안동·포항이 모두 80리 길 안인 사통팔달의 요지였다. 게다가 영천 우시장이 전국적인

규모로 크기도 했다.

편대장영화식당에서 사용하는 것은 우둔살, 소고기 엉덩잇살이다. 영천우시장 도축장에서 이력제를 확인한 소고기가 들어올 때면 장옥주 씨의 눈빛이 날카롭게 빛난다. 도축 후에는 사후경직 상태로 고기가 뻣뻣하니 적어도 12시간 이상(원래는 24시간 정도) 숙성을 시켜야 한다. 그래야 근육이 자연스러워진다. 이를 잘게 썰어 육회로 만드는데 500kg짜리 소를 잡아도 육회 거리는 15~20kg밖에 안 되니 어찌 보면 귀한 음식이다.

육회를 입에 넣으면 육고기의 질긴 이미지는 어디 가고 눈 녹듯 입에 감돈다. 원래 불에 익는 순간 고기는 단백질 응고 현상으로 질겨지게 되기 때문이다. 게다가 기름기가 없는 부위를 사용하기 때문에 동물성 지방질에 대해 염려하지 않아도 되며, 불에 익히지 않아 고기 속의 비타민이 전혀 파괴되지 않은 형태로 섭취할 수 있다. 그래서 진짜 미식가와 진정 고기 맛을 아는 사람은 맛과 영양이 변형되지 않은 육회를 먹는다. 고기는 불에 닿는 순간 맛과 형태가 변할 수밖에 없기 때문이다.

편철권 사장에게 이제껏 먹었던 육회 중 가장 맛있는 육회 맛을 물었더니 초등학교 때의 도시락을 꼽는다. 밥과 육회 그리고 반찬을 싸가지고 다녔는데, 그것을 비벼 먹있으니 육회비빔밥인 셈이다. 친구들의 부러움을 한 몸에 받았음은 당연지사다. 매일 육회를 먹으면 물릴 만도 한데 그때마다 맛있었으니, 귀한 재료여서 친구들의 부

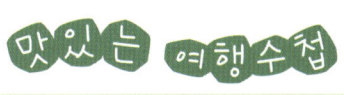

 육회 제대로 즐기기

담백하게 육회로 즐겨도 되고 육회비빔밥으로 먹어도 맛있다. 여기에 된장찌개나 소찌개를 곁들여보자. '소찌개'는 쉽게 말해 '소고기찌개' 혹은 '쇠찌개'로 생각하면 되는데 소고기에 파, 고추, 고춧가루 등의 양념이 전부니 그저 소고기 말고는 들어가는 것이 없다. 하지만 맛은 기막히다. 육회 한 접시를 놓고 따끈한 공깃밥에 소찌개를 곁들이면 사또님 잔칫상이 부럽지 않다.

러움을 산 이유도 있겠지만 무엇보다 어머니의 사랑과 정성이 담겼기 때문일 것이다. 지금도 아들에게 싸주던 육회비빔밥과 같은 손길, 같은 마음으로 육회를 만드니 이 식당을 찾는 사람들 또한 그 느낌을 맛볼 터이고 또 그 맛이 그리워 다시 걸음 할 터이다.

 편대장영화식당

주소 경북 영천시 금노동 582-3 **전화** 334-2655
영업시간 10:00〜22:00, **홈페이지** www.pdj.co.kr
편대장영화식당의 육회는 무척 부드러운데 이는 소고기의 힘줄을 잘 제거했기 때문이다. 힘줄을 제대로 제거하지 않으면 씹기가 어렵고 앙금이 어금니에 남는다. 편대장영화식당에서는 이 작업에 약 20㎝ 길이의 독일·스웨덴·스위스제 칼이 동원된다. 칼은 보통 1년 6개월 정도면 닳아서 못쓰게 된다고.

 찾아가는 길

경부고속도로 영천IC → 봉작교차로에서 좌회전 → 도동네거리에서 우회전 → 주남네거리에서 청송 방향 → 금로사거리에서 좌회전 → 영천시외버스터미널 뒤 → 편대장영화식당

 참고문헌

《거가필용》, 《시의전서》 육회 만드는 법, 《진찬의궤》, 《수서》, 《신당서》, 《어우야담》, 《논어》, 《지봉유설》, 《증보산림경제》, 《조선시대의 음식문화》(2006, 가람기획)

| 육회 레시피 |

① 우둔살을 냉장고에서 하루 정도 숙성시킨 뒤 힘줄을 제거한다.
② 이를 채 치듯 잘게 썬다.
③ 양념과 미나리, 파를 넣고 재빨리 무쳐낸다.
④ 상추겉절이, 피무침, 마늘 등을 곁들여 낸다.

추천여행코스

은해사 ⇨ 시안미술관 관람 ⇨ 보현산 천문과학관 &
보현산 천문대 ⇨ 영천댐 호반도로 드라이브 ⇨
영천 편대장영화식당 육회 ⇨ 임고서원 ⇨ 영천 한약시장

여행정보

① **은해사** 신라 헌덕왕 1년인 809년, 혜철국사가 창건한 사찰
이다. 대웅전과 보화루 등 현판은 조선 명필로 손꼽히는 추
사 김정희의 글씨다. 보물 제 1270호 은해사 괘불탱, 보물 제
1604호 은해사 소장금고가 있다. 거조암을 비롯해 백흥암, 운
부암, 중앙암, 기기암 등 부속 암자 8개가 있다.

② **시안미술관** 정부 등록 제1종 미술관으로 화산초등학교 가상
분교가 폐교된 후 이를 이용, 국내외의 다양하고 가치 있는
미술품을 수집하고 연구해 전시하고 있다.

③ **보현산 천문대** 보현산 천문대는 보현산 정상(1,124m)에 위치
한 우리나라 3대 천문관측소 중 하나이다. 보현산 천문과학
관은 주·보조관측실, 우주천문 학습전시실, 5D 돔영상관 등
을 갖추고 있다.

④ **영천댐(편대장영화식당)** 포항제철공업단지와 금호강 중류·
하류 유역의 농업지대에 용수를 공급하는 다목적댐으로 구불
구불 댐을 따라가는 호반도로가 아름답다.

⑤ **임고서원** 고려 말의 충신이자 유학자 정몽주(1337~1392)의
위패를 봉안하고 있다.

⑥ **영천한약시장** 전국 한약재 유통시장의 30%를 차지하는 한방
도시로 중풍 치료에 효험 좋은 약재들이 많이 나고, 다양한
생약재를 저렴한 가격에 구입할 수 있다.

맛집

한우숯불단지에 있는 경성관
(336-0772, 한우불고기)이 맛
있다. 은해사 입구의 영일식당
(335-1057, 산채비빔밥), 포항
할매집(334-4531, 소머리국밥)
도 있고 영천시내에는 25년 전
통의 삼송꾼만두(333-8806, 만
두)가 유명하다.

숙소

라벤더모텔(338-0333) 일마레
모텔(331-9953) 동경모텔(331-
4611) 등이 있다.

구황식품에서 웰빙 보양식으로
고령 도토리수제비

30~40년 전만 해도 고령사람들은 겨울철 비상식량으로 산에서 도토리를 주웠다. 이를 가지고 묵을 만들기도 하고, 밀가루를 섞어 수제비를 해 먹었다. 하지만 요즘 고령에서는 도토리가 보양식 대접을 받는다. 소 등뼈를 넣고 푹 끓여낸 육수에 인삼, 대추 등 영양가 있는 재료를 듬뿍 넣어 푸짐하게 수제비를 만들기 때문이다. 웰빙음식으로 다시 태어난 도토리수제비. 그 맛의 비결을 찾아보았다.

글·사진 | 윤규식

고령 땅에 지천으로 깔린 갈색 보물 도토리

도토리는 15세기 초 《향약구급방》에 처음 등장한 것으로 알려져 있다. 여기서 도토리는 저의율(猪矣栗)이라고 표기했다. 이는 한자를 빌려 쓴 표기로, 저(猪)는 돼지를 뜻하는 '돝', 의(矣)는 조사 '의', 율(栗)은 '밤'을 표기한 것이다. '돼지가 먹는 밤'이라는 뜻으로 풀이할 수 있다. '돝의밤'은 '도토밤', '도톨밤'으로 변하면서 '도토리'가 됐다고 한다.

참나무과 열매의 총칭인 도토리는 상수리, 굴밤 등으로도 불린다. 졸참나무의 도토리는 떫은 맛이 나지 않아 날것으로 먹을 수 있고, 갈참나무의 도토리는 타닌을 많이 함유하고 있어 물에 담가 떫은맛을 뺀 다음 묵을 만들어 먹기도 한다.

도토리는 먹을거리뿐만 아니라 다양한 용도로 사용되었다. 동네 아이들은 도토리를 장난감 삼아 소꿉장난을 했고, 껍데기가 두꺼운 것은 염주를 만드는 데도 쓰였다. 하지만 무엇보다 도토리는 칡뿌리와 더불어 대표적인 구황식물이다. 가뭄이나 흉년이 들었을 때 곡식 대신 도토리묵이나 빈대떡 등을 해 먹으며 생계를 이었다.

그렇게 민초들의 배고픔을 달래주던 도토리가 현대인들에게 웰빙식품으로 다시 찾아왔다. 의학적으로 도토리는 장과 위를 강하게 하고 설사를 멈추며 강장효과에 탁월한 것으로 전해진다. 특히 당뇨, 암 등 성인병 예방에 효과가 있으며, 체내에 축적된 환경호르몬이나 중금속 등 유해물질 배출에도 효험이 있는 것으로 알려졌다. 자라는 아이나 여성들의 골다공증에도 아주 좋다. 그러나 타닌 성분 때문에 변비가 있

소 등뼈와 온갖 한약재가 들어간 도토리수제비
육수를 끓이고 있는 권정순 사장

는 사람들은 자제하는 것이 좋다.

이렇듯 현대인들에게 건강식품으로 각광을 받고 있는 도토리가 고령에서는 수제비로 탈바꿈했다. 몸에 좋다는 온갖 종류의 한약재로 무장한 도토리수제비는 단순한 별식을 넘어 든든한 보양식으로 굳게 자리매김하고 있다.

맛과 건강이 뚝배기 한가득 "시원한 국물맛 일품"

30여 년 전부터 대구에서 단호박칼국수 식당을 운영하던 권정순, 김상훈 부부는 10년 전 건강상의 이유로 권 씨의 친정인 이곳 고령으로 이사 왔다. 대원식당을 열고 감자수제비를 주 메뉴로 했던 권 씨 부부는 어느 날 주변에 도토리가 많은 것에 눈이 갔다.

권 씨는 어릴 적 친정어머니가 도토리묵을 해주시면 꼬들꼬들한 묵 껍질을 떼어내 간장에 찍어 먹곤 했다. 그 순간 머리를 스친 것이 수제비다. 감자로 수제비를 만들고 있었기에 도토리로 만드는 것도 어렵지 않을 것 같았다.

이때부터 권정순 씨는 도토리수제비 연구에 몰두하기 시작했다. 하지만 도토리 가루로 수제비를 만드는 것은 생각처럼 쉽지 않았다. 전분과 섞어 반죽을 했지만 잘 되지 않았다. 이렇게 반복된 실패는 9개월이나 계속됐다. 마침내 권 씨는 쌀가루, 밀가루, 전분, 도토리 가루의 적절한 반죽

 도토리수제비 제대로 즐기기

도토리수제비에는 함께 나오는 공깃밥을 적당히 덜어서 말아 먹으면 좋다. 식성에 따라 다대기도 살짝 풀면 더욱 진한 맛을 느낄 수 있다. 풋고추를 곁들이니 국물 맛이 한층 돋보인다. 고령의 도토리수제비에는 수많은 한약 재료가 들어가기 때문에 든든한 보양식으로 인기가 좋다.

에 성공, 지금의 도토리수제비를 탄생시켰다.

반죽을 성공했으니 이제는 육수를 만들어야 한다. 감자수제비에는 멸치국물이 제격이었지만 도토리수제비에는 영 맛이 나질 않았다. 제 맛을 내기 위해 권 씨는 돼지, 닭, 꿩, 꽃게 등 다양한 재료를 써봤다. 역시 결과는 실패. 그러던 중 예전 냉면 육수 만들 때 사용했던 소 등뼈가 생각났다. 국물 맛이 꽤나 시원했기 때문이다. 권 씨는 큰 솥에 소 등뼈를 넣고, 몸에 좋다는 8가지 한약재도 함께 넣었다. 마침내 육수 만들기에 성공했다. 도토리수제비 육수는 너무 오래 끓이면 누린내가 나기 때문에 5시간 정도만 끓인다.

이제 도토리수제비를 맛볼 차례다. 먹기 좋은 음식이 맛도 좋다고 버섯, 쇠고기, 인삼, 은행, 대추, 파, 잣 등 화려한 고명이 눈을 즐겁게 한다. 대추는 삼계탕에서 착안했고, 처음에는 호박씨를 넣었지만 잣이 더 나은 것 같아 잣을 넣었다. 소등뼈와 한약재로 푹 삶은 육수에 몸에 좋은 고명까지 잔뜩 들어 있으니 보양식이 따로 없다.

| 도토리수제비 레시피 |

1. 소 등뼈와 8가지 한약재를 넣고 5시간 정도 육수를 끓인다.
2. 뚝배기에 인삼, 잣, 은행, 대추 등을 미리 넣어둔다.
3. 육수를 뚝배기에 붓고 다시 끓인다.
4. 뚝배기의 육수가 끓으면 도토리수제비 반죽을 넣고 또 끓인다.
5. 수제비가 익을 때쯤 마지막으로 팽이버섯, 쇠고기, 파 등을 넣고 마무리.

맛은 어떨까? 한입 머금으니 일단 국물 맛이 깔끔하다. 말랑말랑 탱탱한 도토리수제비가 혓바닥과 장난질 친다. 어금니로 꽉 깨무니 입안에 쫄깃함이 확 퍼진다. 시식을 목적으로 점잖게 몇 숟가락 뜰 요량이었지만 체면 불구하고 한 그릇 뚝딱 비워버렸다.

맛도 맛이지만 건강에 좋다고 하니 즐겨 찾는 손님들이 꽤 많다. 그중 권정순 씨는 진주에서 온 손님을 잊지 못한다. 장이 안 좋아 매주 대구의 병원을 찾아야 했던 그 손님은 우연히 이곳에서 수제비를 맛본 후 단골이 됐다. 그 손님은 수제비 한 그릇 다 비워도 그다지 속이 부담스럽지 않다며 병원 갈 때마다 이 집을 찾았다. 그렇게 하길 1년. 결국 그 손님은 더 이상 병원을 찾지 않아도 되었다. 이런 일화를 소개하며 권 씨는 장이 나쁜 사람, 속이 찬 사람들에게 특히 효험 있다고 전한다.

도토리수제비는 좋은 음식을 만들기 위해 권씨 부부가 쏟아 부은 노력과 정성의 산물이다. 그래서 식당을 나가며 잘 먹었다고 인사하는 손님들의 말 한마디가 가장 큰 보람이다. 오늘도 두 부부는 그 보람을 위해 도토리수제비를 만들고 있다.

 대원식당

주소 경북 고령군 쌍림면 귀원리 1-4번지 **전화** 955-1500
대원식당은 도토리수제비 이외에도 콩나물해장국, 맷돌 콩국수 등이 유명하다. 특히 두 개의 맷돌로 콩을 직접 갈아 만든 콩국수는 특유의 고소한 맛이 고스란히 전해서 여름철 별미로 제격이다.

 찾아가는 길

88고속도로 고령IC(쌍림면) → 고령읍 방면으로 좌회전 → 고곡삼거리에서 합천 방면으로 좌회전 → 귀원삼거리 직진 → 대원식당

 참고문헌

《자연 그대로 먹어라》(2008년, 조화로운 삶)

물맛과 손맛이 빚은 20일의 향연
고령 스무주

대가야의 숨결을 고스란히 간직하고 있는 고령은 참 살기 좋은 곳이다. 비록 고대국가로 발돋움하기 직전 허망하게 무너졌지만 대가야는 500년 넘게 이 고장에 찬란한 문화를 일궜다. 고령의 풍부한 물과 비옥한 토양이 대가야 발전의 토대였던 것이다. 이렇듯 풍요로운 땅 고령에 전해지는 전통주가 있다. 고령읍 본관리의 성산 이씨 가양주로 내려오는 스무주가 그 주인공이다. 고령의 물맛과 대대로 이어지는 손맛이 어울려 빚어내는 귀한 맛. 스무주의 매력은 바로 그곳에 있다.

글 · 사진 | 윤규식

고령의 뛰어난 물과 성산 이씨 가문의 만남

나라가 세워지려면 비옥한 땅과 양질의 물이 있어야 한다. 대가야의 중심을 이룬 고령 땅은 바로 이런 조건을 완벽하게 갖추고 있다. 가야산에서 내려온 물이 고령으로 흘러들어 곳곳을 촉촉이 적셔주기 때문이다.

조선시대 이중환의 《택리지》는 이렇게 기술하고 있다. "가야천 유역 고령, 성주, 합천 등은 한반도에서 가장 비옥한 땅으로, 씨 한 말을 뿌리면 120~130말이 나오며 적어도 80말 아래로는 내려가지 않는다. 농업용수가 풍부해 한재를 겪지 않는다." 이 지역의 물과 토양의 출중함을 적절히 묘사한 대목이 아닐 수 없다. 실제로 가야산 북쪽과 동쪽에서 발원한 가천(가야천)과 야천(안림천)은 각각 50km, 40km씩 흘러 고령읍 회천 유역에서 서로 만난다. 대가야인들이 논밭을 이루며 정착한 터도 바로 이곳 회천을 중심으로 한 지역이었다.

성산 이씨의 가양주로 전해져 오는 스무주는 이처럼 고령 땅의 비옥한 땅에서 솟는 물로 만들어진다. 성산 이씨와 고령의 인연은 560여 년 전으로 거슬러 올라간다. 성산 이씨 15세손인 이사징이 이곳에 첫발을 디딘 후 지금까지 후손들이 삶을 이어가고 있다.

스무주가 전해진 것은 이사징의 5대손인 이동래의 세 아들 중 장남인 죽포에 의해서다. 죽포는 인조의 셋째 아들이자 효종의 동생인 인평대군의 사부였다. 스무주 비법을 잇고 있는 이종갑 · 이인희씨 부부는 "스무주가 원래 궁중의 술이었는데 죽포 어

른이 그 비법을 전수받아 이곳으로 전했다"고 말한다. 고령
에서 대대로 내려오는 전통 가양주는 이렇게 시작되었다.

지금도 매년 음력 1월 15일에는 마을 안쪽에 있는 성산
이씨 인주공파 종중의 의재(義齋)에서 스무주를 올려놓고
시제를 지낸다.

다른 곳에서 만들면 제맛 내기 힘든 스무주

이종갑 씨의 아내이자 종가댁 며느리인 이인희 씨는 시어
머니로부터 스무주 비법을 전수받아 매년 술을 담그고 있
다. 이인희 씨가 전하는 스무주의 비결은 첫째 물맛, 둘째
손맛, 셋째 온도이다. 이 세 가지가 절묘하게 조화를 이뤄
야 술맛이 제대로 난다. 사정이 이렇다 보니 집안의 딸이
스무주 담그는 법을 배웠어도 다른 고장으로 시집가면 말
짱 도루묵이란다. 일단 물이 다르고, 손맛과 그 지방 기온
특성도 다르기 때문에 제맛을 내기 어렵다는 것이다. 말 속
에 상당한 자부심이 느껴진다.

이처럼 귀하고 독특한 술이지만 지난 세월이 순탄치만
은 않았다. 쌀로 빚어야 하는 술이기 때문에 먹고 살기 어
려운 집안에서는 감히 엄두도 내지 못했다. 따라서 종갓집
만 간신히 명맥을 유지했는데 이마저도 여의치 않아 때로
는 몇 해 동안 술을 담그지 못하기도 했다는 것. 수 백 년
이 지나는 동안 어려운 고비를 숱하게 넘기고 지금에 이
른 것이다.

스무주는 참으로 손이 많이 가는 술이다. 20일 동안 온갖
정성을 들여야 제맛을 내기 때문이다. 과정도 복잡해 찹쌀
로 흰죽을 끓여 누룩과 1:1로 섞어 밑술을 만들고, 4~5일
이 지나면 여기에 일반 쌀로 고두밥을 만들어 누룩과 버무
려 큰 항아리에 담는다. 그리고는 죽부인을 반으로 뚝 자른

것처럼 생긴 용치(대나무로 만든 술 거르는 채)를 항아리 가운데에 넣고 그 속에 술이 고이면 걸러낸다. 본격적인 스무주는 여기서부터 시작이다. 첫 술을 걸러낸 후 끓였다 차게 식힌 물을 서너 되 항아리에 붓고 시간이 흐르면 그 술을 걷어낸다. 그리고 또 끓였다 차게 식힌 물을 붓는다. 이 과정이 계속 반복되는 동안 항아리 속의 밑술과 고두밥, 누룩은 푹 익어 마침내 스무주가 탄생한다.

이인희 씨는 "사실 20일 동안 정성을 들여야 한다고 말하지만 제대로 술맛을 내려면 끓였다 차게 식힌 물 붓기를 서너 달 반복해야 한다"고 귀띔한다. 하지만 그렇게 하더라도 흡족하게 성공할 확률은 40%를 넘지 않는다고 한다. 왜 스무주가 까다롭고 손이 많이 가야 하는 술인지 짐작할 만하다.

여기서 한 가지 간과하지 말아야 할 것이 있다. 바로 온도다. 아무리 물맛, 손맛이 좋아도 섭씨 15도 이상 기온이 올라가면 술은 쉬 변질된다. 정확한 온도를 맞춰야 하는 것은 거의 절대적인 원칙이다. 그래서 스무주는 절대 여름에 만들지 않는다. 여름에는 우리 밀로 누룩을 만들어 놓고 11월 말쯤 평균 기온이 20도 이하로 내려갈 즈음 술을 담기 시작한다. 여름에 잘 만들어 놓은 누룩은 성공적인 술 담기의 첫 단추이기도 하다.

스무주는 쌀 한 가마에 세 말 정도밖에 나오지 않는다. 그 만큼 들이는 원가도 만만치 않다. 스무주가 아직도 양산 시스템을 갖추지 못한 이유다. 겨울에 빚어 음력 1월 시제 때 쓸 양만 만들 뿐이다. 최근에는 대가야축제 때 관광객들 시음용으

🖊️ 스무주 제대로 즐기기

이종갑 씨가 전하는 스무주의 참 맛은 은은한 향에 있다. 잘된 술은 양주처럼 밤색을 띠며 차를 마시듯 입안에 잔잔한 향이 맴돈다. 물은 자연수만을 사용하는데, 맑으면서도 정결한 맛이 딱히 비유할 데가 없을 정도라고 한다. 스무주를 담기에 최적의 온도는 섭씨 10도이므로 여름에는 스무주를 맛보기가 사실상 불가능하다. 초복날 찾아가 스무주를 찾았더니 이인희 씨 댁에서도 나올 리 만무. 내년 1월에는 꼭 맛볼 수 있다는 말로 위안 삼을 뿐이다.

로 400~500병 정도 만든 게 고작이다. 고령군청도 이 지방 전통주로서 양산 체제의 필요성을 절감하고 있지만 여러 사정 때문에 구체적인 방안은 마련하지 못한 상태이다. 하지만 군청이나 기능 보유자 모두 전통 가양주의 맥을 이어야 한다는 것에 공감대를 형성하고 있기에 머지않아 좋은 소식이 들릴 것 같다. 마음 놓고 술맛 볼 그날이 기다려진다.

 고령 스무주

주소 경북 고령군 고령읍 본관리 265-4번지 **전화** 010-9779-2552
이인희 씨 댁에서 매년 11월경 스무주를 담근다. 아직 시판용으로 대량생산은 하지 못하고 있다. 하지만 성산 이씨 시제가 열리는 음력 1월 15일경 이곳을 찾으면 술맛을 볼 수 있다.

 찾아가는 길
88고속도로 고령IC(쌍림면) → 고령읍 → 본관리 관동마을 → 이인희 씨 댁

 참고문헌
《택리지》, 《잃어버린 왕국 대가야》(2004년, 창해), 성산 이씨 인주공파 종중

맛있는 레시피

| **스무주 레시피** |

① 우리 밀로 누룩을 만든다.
② 찹쌀로 흰죽을 끓여 누룩과 1:1로 섞어 밑술을 만든다.
③ 밑술을 4~5일 숙성시킨다.
④ 멥쌀로 고두밥을 만들고 누룩, 밑술과 버무려 항아리에 담는다.
⑤ 대나무 용치를 항아리 가운데 넣고 술이 고이면 걸러낸다.
⑥ 끓였다 차갑게 식힌 물 3~4되를 항아리에 보충한다.
⑦ 이런 과정을 20일 이상 반복해야 제맛을 낸다.

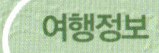

추천여행코스

우륵박물관 ⇨ 대가야박물관 ⇨ 지산리 고분군 ⇨
대가야역사테마관광지 ⇨ 대원식당 ⇨ 개실마을 전통체험

여행정보

① **우륵박물관** 가야금을 창제한 악성 우륵(于勒)과 관련된 자료를 수집·보존하고, 가야금의 세계를 쉽게 이해할 수 있도록 건립한 테마박물관이다. 우륵의 생애와 가야금의 기원, 전통국악기 등이 전시되며, 악기 소리를 직접 들어볼 수 있다.

② **대가야박물관** 대가야의 역사와 문화를 한눈에 볼 수 있는 대가야박물관에는 주로 고령 지역에서 출토된 유물이 전시된다. 제44호 고분의 내부 모습을 재현한 왕릉전시관에서는 순장된 이들의 석곽과 특징을 살펴볼 수 있다.

③ **지산리 고분군** 고령읍 지산동 주산(主山) 남쪽 기슭에 있는 대가야의 원형봉토분이며 사적 제79호로 지정돼 있다. 순장자를 거느리고 있다는 점에서 이 무덤의 주인은 5세기 말 이전 대가야국 왕이었을 것으로 추정된다.

④ **대가야역사테마관광지(대원식당)** 대가야역사테마관광지는 고령군이 테마 관광지로 개발한 곳으로 대가야의 의식주와 철기 문화를 애니메이션과 함께 살펴볼 수 있다. 야외분수와 물놀이 시설을 갖춰 가족 단위 방문 코스로 제격이다.

⑤ **개실마을** 영남학파의 종조 점필재 김종직 선생의 후손이 350년간 집성촌을 이루는 전통 마을이다. 음식, 놀이, 혼례, 농사 등 각종 전통문화 체험 프로그램을 통해 우리 고유의 다양한 문화를 접해볼 수 있다. 한옥에서 하룻밤 숙박은 특별한 추억을 선사한다.

맛집

고령읍을 중심으로 영남식육식당(954-2303)과 복동이숯불갈비(956-3310), 선지해장국이 일품인 진국명국(956-6900), 샤브샤브로 유명한 대통대맛(956-6746), 갈치정식을 맛볼 수 있는 옛촌가든(955-0986) 등이 추천할 만한 집이다.

숙소

대가야역사테마관광지에 펜션숙박단지(950-6704~5)가 2010년 문을 열었다. 그밖에 개실마을 민박(956-4022) 등에서도 묵을 수 있다.

선비의 고장에 꼭 어울리는 맛
성주 꿩샤브샤브

웬만해서는 길들이기 어려운 꿩은 곧잘 선비의 절개에 비유된다. 꿩의 성질이 임금 외에 지조를 지켜 다른 것에 길들지 않겠다는 선비의 정신과 일맥상통하기 때문이다.
성주는 선비의 고장이다. 조선시대 영남의 인재들을 대거 배출했다. 명실상부한 인재의 보고였던 성주는 조선시대의 통치이념이자 대표 학문이었던 성리학의 주요 근거지이기도 하다. 성주와 꿩의 연결이 자연스러운 이유가 여기에 있다. 그래서일까? 성주에서 꿩 요리를 맛보자니 왠지 먹기 전, 자세부터 바로잡아야 할 것 같다.

글 · 사진 | 윤규식

선비의 절개를 꼭 빼닮은 꿩의 성질

도은 이숭인은 고려시대 말기 고려 왕조에 충의와 절개를 지킨 대선비이다. 당대를 대표하는 문장가이자 시인, 학자였던 도은은 조선 3대 임금 태종 이방원의 스승이기도 했다. 그러나 그는 끝까지 조선에 합류하지 않았고, 끝내 정도전의 심복에 의해 죽임을 당했다. 훗날 태종은 스승의 죽음을 전해 듣고 무척이나 애통해했다고 전한다. 비록 정치적 이념은 달랐지만 스승에 대한 예의는 극진해 도은에게 문충(文忠)이라는 시호를 내렸고, 학자들에게 유집을 발간토록 명했다.

조선시대로 접어들며 성주는 더욱 많은 인재를 배출했다. 이강(二岡)으로 불리는 동강 김우옹과 한강 정구는 퇴계 이황과 남명 조식의 제자로서 두 거장의 학문을 성주 땅에 꽃피웠다. 도은에서 이강으로 이어진 성주의 학문은 조선 후기 조선 후기 학자이자 행정가였던 응와 이원조로 연결된다.

이처럼 선비의 높은 학문과 절개가 흐르는 땅 성주에 꿩은 참 잘 어울리는 동물이다. 바로 선비의 상징이기 때문이다. 예전에는 선비가 높은 사람을 찾아갈 때 폐백으로 꿩을 올렸다. 폐백은 윗사람을 만나러 갈 때 지참하는 선물이다. 이와 관련해 중국 한나라 때 유향은 《설원》에 "선비는 꿩을 폐백으로 삼는다. 꿩은 맛이 좋지만 새장에 가두어 길들일 수 없다. 그래서 선비가 꿩을 폐백으로 한다"고 적었다. 바른 말로 임금을 보필하되, 굳은 지조를 지켜 길들지 않겠다는 정신을 꿩에 담아 폐백으로 바친 것이다.

샤브샤브를 위해 얇게 썬 꿩 고기를
접시 위에 올리고 있는 박후분 사장

실제로 꿩은 사육하기 힘든 강한 야성을 지녔다. 철망 속에 가두면 다짜고짜 뼈가 드러날 때까지 머리를 들이받다가 죽는다고 한다. 그래서 오늘날 꿩 사육사들은 먼저 눈을 가려 앞을 못 보게 해 그 야성을 가라앉힌다. 고약한 성질이 보통 아니다.

하지만 꿩고기는 맛이 좋은 것으로 정평이 나 있다. 그래서 꿩은 육회, 매운탕, 만두, 샤브샤브 등 다양한 요리로 만들어졌다.《명의별록》《식의심경》등 옛 문헌은 꿩 요리에 대해 '기력을 높이는 음식'이라고 소개한다. 또한 설사를 멎게 하고 간을 보호하며, 눈을 맑게 한다는 기록도 있다. 꿩만두는 산후 요통에 효과가 있다. 양질의 단백질과 지방산이 다량 함유된 꿩고기는 성인병 예방과 미용에 탁월한 효능을 보인다.

부위별로 다른 맛 즐기는 꿩 요리

박후분 사장은 20년 가까이 손님들에게 꿩샤브샤브 등 다양한 꿩 요리를 내놓고 있다. 충주 월악산이 고향인 박 사장은 꿩샤브샤브 요리를 잘했던 친정 조카에게 요리 비법을 전수받았다. 그리고 이곳 성주에 그 맛을 전했다.

이 집의 꿩샤브샤브는 코스요리로 나온다. "샤브샤브 주세요"라고 주문하면 이와

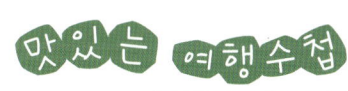 

 꿩샤브샤브 제대로 즐기기

겨울철 독감 예방에 특효인 꿩샤브샤브는 2009년 겨울 신종플루가 극심할 때 찾는 사람들이 많았다. 박후분 사장은 개인적으로 박정희 전 대통령을 존경한다. 때문에 식당 곳곳에 관련 사진들이 다수 걸려 있다. 음식 소문을 듣고 찾아오는 손님들이 전화로 위치를 물어보며 박 대통령 사진 많은 집 맞냐? 확인할 정도.

꿩샤브샤브 코스는 3인 기준으로 상을 내며, 꿩 가슴살은 육수에 2~3초 정도 담갔다 바로 빼서 버섯과 부추를 곁들여 먹으면 더욱 맛이 좋다. 가천막걸리와 함께 먹으면 더욱 좋다.

더불어 꿩 채소볶음, 탕수육, 만두, 수제비 등 5가지 요리가 차례로 상에 오른다. 샤브샤브만 맛볼 요량이었는데 다른 요리까지 맛보게 되니 괜히 횡재한 느낌이다.

각 요리마다 꿩고기의 부위도 다르다. 우선 샤브샤브는 꿩 가슴살을 얇게 썰어 나오고, 채소볶음은 꿩 허벅지 살, 탕수육과 만두는 꿩 발목살로 만든다.

샤브샤브는 담백, 시원한 국물이 일단 입맛을 돋운다. 그 속에 꿩 가슴살을 살짝 담갔다가 빼내니 하얗게 익은 살코기가 쫄깃하게 씹힌다. 박 사장의 권유에 따라 장을 찍지 않고 그냥 먹으니 입안에 은은한 향이 맴돈다. 전구지(부추), 버섯, 당근, 청양고추(청양에서 나는 고추가 청양고추임) 등이 허벅지살과 함께 버무려진 채소볶음은 부드러운 고기의 질감과 청양고추의 매콤함이 절묘한 조화를 이룬다. 혀끝의 매운맛이 채 가시지도 않았는데 어느새 젓가락은 또 그쪽으로 향한다. 탕수육은 아이들이 좋아할 것 같다. 새콤달콤한 소스에 푹 파묻힌 꿩 발목살은 돼

 맛있는 레시피

| 꿩샤브샤브 레시피 |

① 꿩 뼈와 가슴살, 감자, 무, 채소로 육수를 만든다.
② 꿩 가슴살을 얇게 썬다.
③ 전골냄비에 육수를 붓고, 팽이버섯, 감자, 고추, 부추 등 채소를 넣어 끓인다.
④ 얇게 썬 꿩 가슴살을 육수에 살짝 담가 익힌다.

지고기와는 또 다른 특별한 맛이다. 꿩 만두는 생각만 해도 군침이 돈다.

샤브샤브 육수는 담백, 시원한 맛을 내기 위해 꿩 가슴살과 무, 채소 등을 넣고 큰 솥에 4~5시간 끓인다. 아침 8시부터 육수를 끓이기 시작하면 점심시간에 맞출 수 있다.

박 사장은 돈 버는 재미보다 사람 간의 인간적인 정을 더 중히 여긴다. 여기에 꿩 요리의 맛까지 더하니 그 인기는 성주에 국한되지 않는다. 전직 장관을 비롯해 도지사, 대구시장, 연예인 등 숱한 사람들이 이 집을 찾았다. 15년 이상 된 단골손님만도 전체 손님의 30~40%를 차지할 정도라고 한다. 이처럼 가족 같은 분위기 때문에 꼭 음식을 먹지 않아도 안부 차 일부러 들르는 손님들도 많다.

식당을 나오며 그 단골 대열에 합류할 것 같은 즐거운 예감이 든다. 이 지역 대표음식으로 거듭난 꿩 요리와 주인장의 후덕한 인심은 성주 가는 길을 가볍게 만들 것이다.

 꿩샤브샤브
주소 경북 성주군 가천면 창천리 1242-82번지 **전화** 932-4037
영업시간 12:00~21:00, 설·추석 휴무
20년 가까이 꿩샤브샤브를 운영하고 있으며, 꿩탕, 촌닭백숙, 닭볶음탕 등
다른 음식도 맛볼 수 있다.

 찾아가는 길
중부내륙고속도로 성주IC → 다가면사무소 방면 진입 → 대천1리 경로당을 지나
가천삼거리 방면으로 우회전 → 가천삼거리에서 가천면사무소 방면으로 우회전 →
가천양조장 → 창천 삼거리에서 우회전 → 꿩샤브샤브

 참고문헌
《한시 속의 새, 그림 속의 새》(2003, 효형출판), 디지털충주문화대전
〈생·활·사(生·活·死)의 고장 성주〉(대구매일신문 2009년 12월 4일자)

가야산 맑은 물로 막걸리를 담다
성주 가천막걸리

우리나라 12명산 중 하나로 꼽히는 가야산은 기암괴석의 웅장한 자태와 청정계곡의 맑은 물을 자랑한다. 가야산에서 내려온 물은 고대 철기문화의 산실인 대가야를 탄생시켰다. 가야산의 정기가 서린 성주 땅은 예부터 물 좋은 고장이다. 가천면의 가천막걸리가 물이 좋은 성주를 술로 증명한다. 일개 면에서 만들어지는 막걸리쯤으로 생각하면 오산이다. 이미 그 명성이 대구를 거쳐 서울까지 전해지고 있기 때문이다.

글 · 사진 | 윤규식

좋은 물에서 좋은 막걸리가 나오는 것은 당연한 이치

막걸리는 예부터 들에서 일하는 농부들이 많이 먹던 술이다. 알코올 도수가 높지 않고 열량이 높아 허기진 배를 채우는 데 안성맞춤이었다. 막걸리를 농주라 부르는 것도 이 때문이다. 예전 농번기 때는 힘든 일을 많이 해야 하기 때문에 소에게도 막걸리를 먹였다고 한다. 막걸리의 높은 열량 덕분에 소도 힘을 낼 수 있었나 보다.

막걸리는 건강에도 좋은 술이다. 지방간을 억제해 준다는 말도 있다. 사실 여부를 떠나 애주가들이 들으면 혹하는 말이 아닐 수 없다. 하지만 이 말은 적당한 양을 마셨을 경우이지 과음까지도 해당되는 것은 아닐 것이다.

어쨌든 막걸리가 다른 술에 비해 몸에 좋다는 것은 맞다. 우선 일반 요구르트보다 100배 이상 되는 풍부한 유산균을 자랑한다. 장에서 염증이나 암을 일으키는 유해세균을 파괴하고 면역력을 키워주는 것이 바로 유산균이다. 이 밖에 비타민 B, C, 필수아미노산 10여 종 등 우리 몸에 이로운 물질이 다량 함유돼 있다.

그런데 막걸리와 물은 어떤 연관이 있을까? 막걸리는 80%의 물과 6~8%의 알코올, 기타 단백질과 탄수화물 등으로 이뤄져 있다. 물이 차지하는 비율이 가장 높다. 그래서 일단 물이 좋아야 한다. 가평의 잣막걸리, 포천의 이동막걸리, 제주 좁쌀막걸리 등 모두가 좋은 물이 바탕에 깔렸다.

물을 논함에 있어 성주도 둘째라면 서럽다. 가야산에서 시작된 대가천은 한강 정구 선생의 자취가 서린 회연서원과 무흘구곡을 지나 고령으로 흐른다.

가야산은 먼발치서 언뜻 봐도 위엄이 느껴진다. 산 정상 부근의 불쑥불쑥 솟은 바위들이 병풍처럼 둘러쳐 있고, 힘차게 쭉 뻗은 산세가 당당하다. 태백·소백산맥을 떠나 있으면서도 그 높고 수려함, 삼재가 들지 않는 영험함을 칭송한 이중환의《택리지》에 수긍이 간다. 성주의 대표적인 학자였던 한강 정구 선생은 그의 저서《가야산기행》에서 산꼭대기에 올라가 눈을 식히고 가슴을 펴보라 강조했고, 산골짜기에서 푸른 물이 소리 내며 흐르는 소슬한 경치가 가슴을 시원하게 씻겨준다고 표현했다.

지하 100m 암반수가 빚어낸 막걸리의 알싸한 맛

가천양조장 이은규 사장이 전하는 막걸리 맛의 비밀은 지하 100m에서 끌어올린 암반수에 있다. 한여름에도 손을 담그면 시릴 정도로 맑고 깨끗한 물이다. 물 자체가 워낙 좋다 보니 소문을 듣고 대구 등지에서 장 담글 때 이 물을 가져가기도 한다. 이쯤 되자 이 사장은 막걸리뿐만 아니라 생수 사업까지 구상 중이다.

가천막걸리의 두 번째 비밀은 순쌀로 만든다는 점이다. 작년에는 7톤 정도 사용했는데 올해는 수요가 늘어 10톤가량 소요될 것으로 예상하고

있다. 40kg짜리 쌀자루 250개가 필요한 많은 분량이다.

막걸리를 쌀로 만드는 것이 쉽지는 않았다. 평소 막걸리는 쌀로 만들어야 한다고 생각했던 이 사장은 1980년대 초반 양조장 인수 후 곧바로 쌀 막걸리를 시작했다. 그러나 주변에서는 이를 말렸다. 쌀로 하면 비용이 만만치 않아 곧 망할 것이라는 이유였다.

이은규 사장의 고집은 여기서부터 시작한다. 마침 시기적으로 우리나라 쌀 생산량이 증가하던 터라 정부에서도 쌀 사용을 권장할 때였다. 이 사장은 적극 동참했고, 지역 유지들과 함께 쌀소비촉진운동을 벌였다. 쌀가공협회도 만들었다. 이 같은 고집 덕분에 지금은 대학교수들까지 우리 술 개발을 위해 가천막걸리를 연구하고 있다.

가천막걸리는 차게 해서 마셔야 훨씬 맛이 좋다. 그래야 생막걸리 특유의 알싸한 맛을 제대로 즐길 수 있다. 양조장에서 갓 만들어낸 막걸리를 맛보았을 때는 부드러운 느낌이 강했는데, 냉장고에서 막 꺼낸 막걸리는 탄산수를 마시듯 목 주변에 따끔한 느낌이 전해진다. 또한 단맛이 강하지 않아 담담하게 마실 수 있었다. 사람들이 좋아하는 이유를 알 것 같다.

가천막걸리는 유통기간이 길지 않기 때문에 멀리 내보내지는 못한다. 성주군내 또는 왜관 정도의 슈퍼나 주점에서 맛볼 수 있다. 그나마 좀 멀리 보내는 게 대구 정도

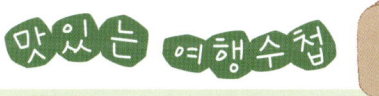

✏️ 가천막걸리 제대로 즐기기

가천막걸리 양조장에서는 하루 10말 정도 반배주를 생산한다. 반배주는 일반 막걸리 알코올 도수가 6~7도인데 비해 약 9도 정도로 조금 세다. 주당들의 요구로 만들기 시작했다고 한다. 가천막걸리는 두통을 걱정하지 않아도 된다. 물엿 등 첨가물을 넣지 않기 때문에 안심하고 마셔도 좋다. 생막걸리이므로 효소가 풍부해 막걸리 고유의 영양이 고스란히 담겨 있다. 뒤뜰에 가면 오래된 술독이 있는데 양조장과 동갑이라고 한다.

이다. 하지만 가끔 서울에서도 주문이 들어온다.

가천막걸리가 입소문을 타며 최근에는 성주군에서 막걸리 축제도 개최했다. 서울 명동에서 시음대회도 가졌다고 한다. 그런 까닭인지 양조장에는 대가천으로 놀러 온 피서객들의 발걸음이 끊이지 않는다. 가야산 수려한 산세 밑에 가천막걸리도 있으니 성주는 참 살기 좋은 곳이다.

 가천양조장

주소 경북 성주군 가천면 창천리 532번지 **전화** 932-4025
가천막걸리 양조장이 처음 생긴 것은 약 100년 전쯤인데, 3대째 이어 오던 양조장을 이 사장이 1980년대 초반 인수했다. 매일 150~200말 정도 막걸리를 생산한다.

 찾아가는 길

중부내륙고속도로 성주IC → 다가면사무소 방면으로 진입 →
대천리 경로당을 지나 가천삼거리 방면으로 우회전 →
가천삼거리에서 가천면사무소 방면으로 우회전 → 가천양조장

 참고문헌

《다시 쓰는 택리지》(2006, 휴머니스트), 《한국문화유산답사》(1997, 돌베개)
《내 체질에 약이 되는 음식 222가지》(2005, 중앙생활사)

| 가천막걸리 레시피 |

1 멥쌀을 깨끗이 씻는다.
2 물기를 빼고 하루 정도 불린다.
3 찜통에서 쌀을 찐 후 국실에 백곡(효소)을 넣고 발효시킨다.
4 하루 동안 묵힌다. 5 쌀과 누룩을 잘 섞어 항아리에 넣는다.
6 물(생수)을 끓인 후 식혀서 넣는다.
7 온도가 절대 28도를 넘지 않게 유지한다.
8 일주일 정도 숙성시켜 막걸리 완성.

추천여행코스

한개마을 ⇨ 세종대왕자태실 ⇨ 성밖숲 ⇨ 꿩샤브샤브
⇨ 가천막걸리 ⇨ 독용산성·성주호 ⇨ 회연서원
⇨ 가야산 야생화식물원

여행정보

1. **한개마을** 중요민속자료 제255호. 영취산 아래 성산 이씨가 모여 사는 전형적인 집성촌이다. 조선시대에 지어진 100여 채의 전통 고가가 옛 모습 그대로 보존되어 있다.

2. **세종대왕자태실** 세종대왕의 적서 18왕자 중 문종을 제외한 17왕자의 태실과 원손 단종의 태실이 있다. 우리나라 왕자 태실이 완전하게 군집을 이룬 유일한 형태고, 조선시대 태실 초기 형태 연구에 중요한 자료로서 문화재적 가치가 높다.

3. **성밖숲(꿩샤브샤브, 가천막걸리)** 천연기념물 제403호. 풍수지리 사상에 따라 성주읍성 밖에 조성된 숲은 300~500년 된 왕버들 57주가 자생하고 있다.

4. **독용산성·성주호** 해발 955m 독용산 정상에 있는 산성으로, 둘레 7.7km에 달한다. 산성 내 수원이 풍부하고 활용 공간이 넓어 장기 전투에 대비하기 좋으며, 영남지방에서 가장 큰 산성이다. 산성에서 내려다보는 성주호가 멋지다.

5. **회연서원** 조선 선조 때 학자 한강 정구의 제자들이 지방민의 유학 교육을 위해 세운 서원. 숙종 1년에 사액 받았다. 서원 앞뜰 백매원에는 신도비가 있으며, 유물전시관에는 선생의 저서와 문집의 각종 판각 등 유물과 유품이 보존되어 있다.

6. **가야산 야생식물원** 가야산을 야생화의 메카로 만들기 위해 조성된 국내 최초의 야생화 전문 식물원. 총 400여 종의 수목과 야생화를 식재해 보전과 자연 학습, 학술 연구 발전에 기여하고 있다.

맛집

성주의 맛집으로 성산리 원무술한우촌(933-1611), 장터분오국수(931-3296), 청국장으로 소문난 왜관식당(932-9554) 등이 있다.

숙소

가야산 입구의 가야산관광호텔(931-3500), 가야산시실리황토펜션(932-1133)이 특별한 잠자리를 제공한다. 가야산 농촌 체험 마을이나 성주읍내의 모텔을 이용하는 것도 좋다.

연탄불로 우려내는 진한 국물
순대국밥

칠곡군 왜관읍은 교통의 중심지다. 서울로 가는 경부선 열차가 반드시 이곳을 거친다. 6·25한 국전쟁 때 우리 군은 낙동강을 연결하던 왜관철교를 폭파하고 북한군의 남하를 죽음으로 막아 냈다. 그리고 사람들은 전쟁의 참화를 딛고 다시 살기 위해 왜관역에서 서울행, 부산행 기차를 탔다. 열차 시간을 기다리며 순대국밥 한 그릇에 허기를 달래고, 한 잔 술에 외로움을 달랬다.

글·사진 | 윤규식

영남의 관문 왜관, 그 치열한 삶의 현장

왜관(倭館)은 지명부터 예사롭지 않다. 고려 말기 이후 조선 초까지 왜구의 노략질 이 심해지자 일본인 사신이나 교역자들을 머물게 하고, 물자를 교역하게 했던 곳이 다. 부산, 창원, 울산 및 서울 인사동 등에 왜관을 짓고 관리했다.

현재의 왜관읍은 일본인들이 만들었다. 1905년 경부선 철도를 부설할 당시 구왜 관보다 지금의 위치가 낙동강변 넓은 지대에 있어 장래 발전성이 더 크다고 판단한 것이다. 결국 이곳으로 역을 결정해 간판을 왜관으로 달았고, 지명도 아예 왜관읍으 로 불리게 됐다. 현재 이 지역의 지리적 위치가 교통과 물류의 중심이 될 것을 그때 부터 이미 예견한 것이다.

어느 곳이든 중심지는 좋을 때 좋지만 나쁠 때는 한없이 나쁘다. 6·25한국전쟁 당 시 왜관은 부산으로 가는 주요 길목이었고, 기세등등했던 북한군은 4만 명이라는 거 대 병력을 이곳에 집중시켰다. 더 이상 물러설 곳이 없던 우리 군도 총력을 기울여 방어한 것은 물론이다. 다리를 폭파시키면서 최후의 결전을 펼쳤던 우리 군은 결국 낙동강 전선을 지켜낼 수 있었다.

전란은 멎었지만 생존을 위한 사람들의 투쟁은 그때부터 시작이었다. 대구, 부산으 로 가는 사람, 서울로 가는 사람으로 왜관은 늘 북적거렸고, 왜관역 앞은 생계를 위 해 음식장수들이 모여들었다. 당시 역 앞에는 우동이나 김밥 등을 파는 일본식 선술 집이나 돼지 부속으로 순대국밥을 파는 사람들이 많았다.

밤차나 새벽차를 타려는 나그네들에게 따끈한 순대국밥은 값싸게 허기진 배를 달랠 수 있는 요긴한 수단이었다. 쌀쌀한 밤공기 속에 뜨끈한 국물은 필연적으로 한 잔 술을 부른다. 순대국밥은 식사를 겸한 안주였으니 이것이 딱 금상첨화이다. 그렇게 왜관은 순대의 고장이 됐고, 경상도식 순대의 원조가 되었다.

경상도식 순대의 원조, 고궁순대

자타가 공인하는 왜관 순대국밥의 원조는 고궁순대이다. 김철구 사장의 부모님은 왜관역 앞에서 일본식 선술집을 운영했다. 할머니도 돼지 한 마리 잡아 이것저것 만들어 팔았으니 사실상 김 사장 가족은 3대째 왜관에서 음식을 만드는 셈이다. 1950년대 중반부터 역전 여행객들을 상대로 장사를 시작했으니 어언 60년 가까운 세월이 흘렀다.

순대국밥을 처음 만들기 시작한 것은 김 사장의 아버지였다. 주변에 순대국 장사가 잘되는 것을 보고 눈을 돌렸다. 처음에는 일반적인 방법으로 순대를 만들었는데, 왜관의 미군부대에서 일하는 사람들에게 이북식 순대에 대한 조언을 듣는다. 당시 왜관에는 이북에서 내려온 피난민들이 많았고, 이들은 대부분 미군부대에서 잡일을 하고 있었다. 김 사장 아버지가 받은 조언은 다름 아닌 '피순대'였다. 순대속에 들어갈 양념에 돼지 피를 붓고 버무린 후 대창에 넣어 삶는다는 것. 확연히 다른 맛에 순대국은 많이 팔리기 시작했다. 그렇게 특유의 맛으로 이름을 날리던 고궁순대는 15년 전 김철구 사장이 대를 이으며 또 한 번 맛의 변화를 겪는다. 그냥 버려지던 돼지 껍데기를 보고 중국 교포인 종업원이 "그걸 왜 그냥 버리세요?"라며 한 마디 던진 것이다. 그러면서 중국에서는 껍데기를 잘게 썰어 순대에 넣는다고

알려줬다. 김 사장은 그 말대로 순대 속에 껍데기를 썰어 넣었다. 순대의 맛은 한층 부드럽고 촉촉해졌다. 결국 고궁순대는 북한과 중국식 방법이 가미돼 새로운 맛의 경상도식 순대로 재탄생하게 된 것이다.

하지만 경상도식 순대는 이것으로 끝이 아니다. 순대에 들어가는 돼지고기는 반드시 암컷으로 써야 한다. 수컷보다 훨씬 부드럽고 맛이 좋기 때문이다. 또한 응고된 피가 아닌 핏물을 그대로 쓰기 때문에 순대 속이 줄줄 새지 않도록 하는 기술도 필요하다. 김 사장은 이렇듯 여러 방법을 시도한 끝에 찹쌀가루와 전분, 10여 가지 채소를 넣어 마침내 고궁 특유의 경상도식 순대를 완성시켰다.

다음은 국물이다. 고궁순대의 진한 국물은 정평이 나 있다. 진하고 구수한 맛의 비결은 돼지 무릎뼈의 연골에서 나온다. 섭씨 80도의 물탱크에서 1차로 핏물을 제거한 뒤 솥에 넣고 끓인다. 이때 사용하는 솥도 중요하다. 곰탕은 가마솥이 좋지만 순대국밥은 열전도율이 높은 일반 백솥이 좋다.

이쯤에서 고궁순대만의 특징인 연탄을 말하지 않을 수 없다. 처음에는 버너로 국물을 달였는데 유류파동 이후 원가를 감당하기 어렵게 됐다. 그래서 화로를 구입해 연탄을 때기 시작했다. 은근히 지속되는 화력 덕택에 국물의 진한 맛을 깊게 우려낼 수 있었다. 물론 처음에는 불 가는 시기를 놓쳐 애를 먹기도 했다. 이것 역시 1년여의 시행착오를 거친 끝에 방법을 터득할 수 있었다. 고궁순대의 국물은 무릎뼈와 돼지머리를 넣고 40시간 이상 달여 고유의 진한 맛을 낸다. 처음에는 워낙 국물 색깔이 뽀얗다 보니 쌀뜨물을 넣었다고 오해를 받을 정도였다.

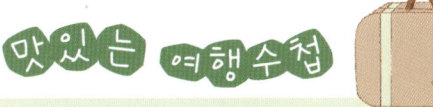

🖊️ 순대국밥 제대로 즐기기

순대국밥을 맛있게 먹으려면 가급적 다대기를 넣지 말고 새우젓만 사용해 적당히 간을 맞춰야 한다. 섭씨 70~80도가 가장 제맛을 느낄 수 있는 온도이다. 몇 년 전부터는 국밥에 국수사리를 넣고 있다. 국물이 진하고 돼지고기가 다소 느끼할 수 있는데 면과 어우러지면 훨씬 맛이 담백하다.

김철구 사장은 욕심을 내지 않는다고 말한다. 이제는 전국적으로 맛 소문이 난 탓에 끊임없이 손님들이 몰려들지만, 그럴수록 맛을 지키는데 더 공을 들이겠다고 한다. 규모가 커지면 대량생산이 불가피하기 때문에 지금의 맛을 보장하기 어렵다는 것이다. 김 사장은 좋은 맛을 만드는 것보다 지키는 것이 더 소중함을 알고 있었다. 그래서일까? 고궁순대는 오늘도 찾아오는 손님들로 북적거린다.

고궁순대
본점 경북 칠곡군 왜관읍 왜관리 212-92번지(974-0055), **왜관IC점** 왜관읍 삼청리 590-1번지(971-7719)
순대와 국물은 주로 본점에서 만들고 기와집으로 곱게 단장한 왜관IC점은 음식만 제공한다. 왜관IC점은 고풍스러운 분위기와 쾌적함 때문에 손님들이 더 많이 찾는다. 순대국밥만 맛볼 수도 있지만, 가족단위나 손님을 접대할 경우 순대와 암퇘지 내장의 하나인 암뽕, 훈제오리와 오리떡갈비 그리고 순대국밥으로 구성된 고궁특선을 주문하는 것도 좋다. 고궁특선은 4인 기준이다.

찾아가는 길
경부고속도로 왜관IC → 왜관 방면으로 우회전 → 로얄사거리에서
왜관역 방향으로 우회전 → 왜관역 광장 녹음다방 안쪽(본점)

참고문헌
《팔공산자락 답사여행 길잡이》(1997, 돌베개), 칠곡문화원,
왜관읍사무소 홈페이지

| 고궁순대 레시피 |

① 돼지 무릎뼈와 머릿고기를 넣고 40시간 이상 끓여 국물을 낸다.
② 돼지껍데기와 부추, 양파, 당면, 생각 등 10가지 채소를 잘게 썬다.
③ 잘게 썬 속을 돼지 물피와 섞어 대창에 넣는다.
④ 30~40분간 끓는 물에 순대를 삶는다.
⑤ 뚝배기에 순대와 머릿고기, 내장, 암뽕 등을 넣는다.
⑥ 육수를 부어 다시 한 번 끓인다.

추천여행코스

왜관지구 전적기념관 ⇨ 호국의다리 ⇨ 구상문학관
⇨ 고궁순대 ⇨ 송림사 ⇨ 한티순교성지

여행정보

① **왜관지구 전적기념관** 멀리 금오산이 바라보이는 낙동강변에
자리 잡은 기념관은 한국전쟁 당시 낙동강 일대에서 벌어진
격전을 기념하기 위해 건립됐다. 6개 전시장에 당시 사용된
무기류와 피복 등이 전시돼 있다.

② **호국의다리** 일제가 대륙침략을 위해 부설한 경부간 군용철도
다. 한국전쟁 발발 직후인 1950년 8월 3일, 북한군의 도하를
막기 위해 폭파되었다. 그리고 그해 10월 총반격 때 침목 등
으로 긴급 복구한 뒤 줄곧 인도교로 활용해왔다. 철도청은 철
거도 검토했으나, 호국의 상흔을 간직하고자 전면 보수작업
을 거쳐 '호국의다리'로 명명했다.

③ **구상문학관(고궁순대)** 구상문학관은 우리나라 현대문학사에
큰 발자취를 남긴 시인이자 언론인 구상 선생을 기념하기 위
해 2002년 10월 개관했다. 1953년부터 왜관에 정착. 20여 년
간 왕성한 문학 활동을 펼친 구상 시인은 프랑스문인협회가
선정한 세계 200대 문인으로 선정되기도 했다.

④ **송림사** 팔공산순환도로 변에 있는 신라 고찰로, 교통이 편해
가족 단위 관광객이 많이 찾는다. 높이 3m에 달하는 대웅전
향나무 불상 3좌는 국내에서 보기 드문 형태다.

⑤ **한티순교성지** 해발 600m 깊은 산중에 을해박해(1815년) 때부
터 형성된 천주교 교우촌이다. 천지암, 미리내, 솔뫼성지 등과
함께 우리나라의 대표적 천주교 성지다.

맛집

왜관읍내의 개성평통보쌈(976–
5353), 79번 지방도 변에 있는
옛고을두부(975–6228), 한티고
개의 동명가든(975–1778)과 대
경식당(975–7979)의 오리고기
도 추천음식이다.

숙소

송정자연휴양림(979–6600)이
특색 있는 잠자리를 제공하며,
단체는 한티순교성지에 있는 피
정의집(975–5151)을 이용하는
것도 좋다. 이밖에 왜관읍에 샹
그리라모텔(973–1119) 등 다수의
모텔이 있다.

미식가들도 감동하는 천상의 맛
청동오리숯불고기

오리가 식용으로 사용된 건 무척 오래된 일이다. 기원전 2~3천년 경 고대 이집트의 벽화에서 오리의 모습이 남아 있는 것에 비추어, 그때부터 오리를 사냥해 식량으로 사용했을 것으로 추측한다. 인류와의 인연이 오래된 만큼 사육의 역사도 깊다. 유럽에서는 기원전 100년경인 로마 시대에 이미 오리를 사육했다는 기록이 남아 있다.

글 · 사진 | 정철훈

인류와 함께한 오리의 역사

인간과 오랜 역사를 함께한 오리 요리는 유럽 많은 나라와 중국에서 최고급 요리로 대우를 받으며 많은 사람들의 사랑을 받아왔다. 특히 '베이징 덕(Beijing Duck)'으로 더 잘 알려진 중국의 '베이징 카오야(Beijing kaoya)'와 오렌지를 갈아 넣고 삶은 프랑스의 오리 요리 '라 투르 다장(La Tour d'Argent)' 그리고 폴란드의 '카츠카(Kaczka)' 등은 미식가들 사이에서도 최고로 꼽히는 고급요리들이다.

우리나라에서도 오리는 귀한 대접을 받았다. 하지만 언제 어느 경로를 통해 들어왔고, 또 언제부터 사육됐는지에 대해서는 명확히 밝혀진 바가 없다. 다만 오리 요리가 발달했던 중국에서 유입돼 토착화된 것이 아닐까 추측할 뿐이다.

오리의 원종(原種)인 청둥오리는 완전식품에 가까울 정도로 영양이 풍부한 음식이다. 우선 육류이면서 알칼리성 식품이다. 그리고 체내에 쌓이지 않는 불포화지방산을 많이 함유하고 있다. 단백질은 쌀의 6배에 이르고 필수아미노산과 각종 비타민도 풍부하다. 그뿐만이 아니다. 청둥오리가 만들어내는 해독물질인 '레시틴'은 몸속의 노폐물이나 유해물질을 제거해 혈액을 맑게 해주는 역할까지 한다. 성인병의 원인이 되는 콜레스테롤이나 비만 걱정 없이 마음껏 먹을 수 있는 몇 안 되는 육류 중 하나이다. 그럼에도 고문헌에서는 청둥오리 요리에 대한 내용을 찾아보기가 쉽지 않다. 기껏해야 탕이나 구이로 먹었다는 정도의 내용만 간신히 전해온다. 그건 집오리도 마찬가지다. 같은 가금류인 닭이 삼계탕, 초계탕, 찜 등 다양한 요리로 발전되어 온 것에 비하면 그야말로 천양지차가 아닐 수 없다. 이에 대해서는 귀한 오리를 음식보다는 약재로 많이 사용했을 것이라는 설명이 설득력 있어 보인다. 실례로 농번기 때 몸이 쇠하거나, 아이가 배앓이를 하면 오리를 달여 먹었고, 조선 최고의 명의 허준도 자신의 저서 《동의보감》에서 '오리는 중풍과 고혈압을 예방하고 혈액순환을 좋게 해 몸을 보양하는 데 탁월한 약재'라고 극찬한 바 있다.

15년을 이어온 청둥오리와의 기막힌 인연

군위군 대율리는 일명 한밤마을이라 불리는 곳이다. 부림 홍씨가 집성촌을 이루고 사는 이곳은 군위의 대표 관광지인 삼존석굴이 있어 군위 관광 1번지로 불리는 곳이기도 하다.

청둥오리숯불고기로 유명한 주홍산장의 박태금 사장은 대율리에서 나고 자란 토박이다. 그런데 청둥오리와의 인연이 흥미롭다. 15년 전, 식당 개업을 위해 이리저리 분주히 돌아다닐 때의 일이다. 식당을 하기로 결심은 섰지만 딱히 마음에 드는 메뉴를 찾지 못하고 있었다. 그러던 어느 날, 마을 입구 송림을 지나는데 불현듯 송림 한가운데 자리한 솟대가 눈에 들어왔다. 순간 오래전 할머니께서 들려주시던 이야기 하나가 생각났다. 1930년에 있었던 경오년 대홍수에 대한 이야기였다.

남천에 둘러싸여 있던 대율리는 당시 큰 비 피해를 입었다. 마을의 절반 이상이 물에 잠겼고, 팔공산에서 흘러내린 돌들이 마을을 쑥대밭으로 만들어버렸다. 마을사람들은 이 돌을 이용해 제방도 만들고 돌담도 쌓았다. 대율리의 멋스러운 돌담이 생겨나게 된 배경이다. 물난리가 지나간 후 마을에서는 지관을 불러 지형을 살폈고, 그에 대한 대책으로 마을 입구 송림에 솟대를 세웠다. 배가 물 위를 떠가는 형세라는 행주형(行舟形)의 땅에는 돛대의 역할을 하는 솟대가 필요하다는 지관의 의견에 따른 것이었다.

박태금씨는 솟대 위 오리에서 한동안 눈을 떼지 못했다. 이곳만큼 오리 요리와 잘 어울리는 곳도 없다는 생각이 들었다. 게다가 오리는 어려서도 즐겨 먹던 음식이었고, 요리에도 자신이 있었다. 승산이 있어 보였다. 그렇게 마음이 굳어갈 즈음, 지인으로부터 오리 대신 청둥오리로 해보는 건 어떻겠냐는 뜻밖의 제안을 받았다. 망설이는 박 씨에게 풍수에 식견이 있던 지인은 '솟대의 오리는 일반 오리가 아니라 땅과 물 그리고 하늘을 자유롭게 넘나들 수 있는 청둥오리'라는 귀띔을 해 주었다. 박씨가 왜 오리를 메뉴로 선택했는지 잘 알고 있던 그였기에 해줄 수 있는 충고였다. 그를 통해 대구의 청둥오리농장을 소개받았고, 사육된 청둥오리를 식용으로 사용할 수 있다는 것도 그때 알게 되었다. 15년을 이어온 박 씨와 청둥오리의 인연은 그렇게 시작됐다.

청둥오리고기는 일반 오리고기에 비해 육질이 조금 질긴 편이다. 아마도 야생성이 남아 있기 때문이 아닌가 싶다. 하지만 청둥오리고기를 즐기는 이들은 되레 이런 쫀

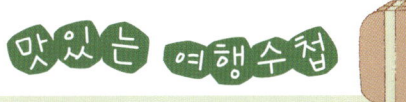

 식당에서 쓰는 청둥오리고기

청둥오리가 식용으로 사용된 것은 불과 30여 년 전의 일이다. 때문에 많은 이들이 청둥오리고기에 대해 잘 모르는 게 현실이다. 청둥오리는 우리나라에서 가장 흔한 철새 중 하나이지만 야생 청둥오리를 사냥하는 것은 불법이다. 때문에 청둥오리전문점에서 사용하는 고기는 모두 사육해 키운 것들이다. 청둥오리는 집오리의 원종이기 때문에 맛과 성분에 있어서는 크게 차이가 나지 않는다.

득거리는 식감이 좋아 청둥오리를 더 찾게 된다고
한다. 일반 오리고기와 맛에 있어서는 큰 차이가 없
지만 씹는 맛에 있어서는 청둥오리고기가 한 수 위
라는 설명이다.

청둥오리고기는 숯불에 구워 먹는 게 일반적이다.
주흥산장에서는 매콤한 양념을 입힌 청둥오리고기를 숯
불에서 석쇠를 이용해 한번 구운 뒤 식탁에 올린다. 기름이
쏙 빠져 담백한 청둥오리고기는 그냥 먹어도 맛있지만 같이 나오는
상추에 부추와 고추를 곁들여 먹으며 그 깊은 맛이 한결 더하다.

 주흥산장

주소 군위군 부계면 남산리 910번지 **전화** 382-8050 **영업시간** 09:00~22:00, 연중무휴
주흥산장에서는 청둥오리숯불고기 외에도 청둥오리찜, 청둥오리탕 등 다양한 청둥오리 요리를 맛볼 수 있다.
각각의 식사공간이 독채로 이뤄져 있어 편안한 분위기에서 식사를 즐길 수 있다.

 찾아가는 길

중앙고속도로 군위IC → IC교차로에서 가산 인각사 방향으로 우회전) → 효령삼거리에서 신녕 부계 방향으로 좌회전 →
부계면사무소 → 부계삼거리에서 대구 삼존석굴 방향으로 우회전 → 대율교 → 삼존석굴 → 주흥산장

 참고문헌

《동의보감》(1613년)

 맛있는  레시피

| 청둥오리숯불고기 레시피 |

① 다진 마늘, 고추장, 고춧가루, 물엿 등을 이용해 양념장을 만든다.
② 완성된 양념장에 청둥오리고기를 버무린다.
③ 노린내를 없애기 위해 소주 반 잔 정도를 함께 넣는다.
④ 석쇠를 이용해 숯불에 굽는다.
⑤ 숯불에 구운 청둥오리고기를 불판으로 옮긴 뒤 파, 부추 등 고명을 얹어 마무리한다.

추천여행코스

법주사 ⇨ 김수환 추기경 생가 ⇨ 삼존석굴
⇨ 대율리 한밤마을 ⇨ 인각사

여행정보

① **법주사** 법주사는 신라 소지왕 15년(493)에 창건된 사찰이다. 경내에는 법주사오층석탑(경상북도문화재자료 제27호)과 우리나라에서 가장 큰 맷돌인 군위 법주사 왕맷돌(경상북도민속자료 제112호)이 있다.

② **김수환 추기경 생가(주홍산장)** 김수환 추기경 생가라 불리는 이곳은 엄밀히 따지면 생가는 아니며, 고 김수환 추기경이 유년기를 보낸 곳이다. 5살 때 대구에서 군위로 이사 온 김수환 추기경은 소학교 5년 과정을 마치고, 대구 성유스티노신학교 예비과에 진학할 때까지 이곳에서 생활했다.

③ **삼존석굴** 미타삼존을 모시고 있는 군위삼존석굴은 경주의 석굴암보다 100년 먼저 조성된 천연석굴로 1962년 12월 20일 경주 석굴암과 함께 국보로 지정되었다. 군위삼존석굴은 국보 제109호다.

④ **대율리 한밤마을** 돌담마을로 유명한 대율리 한밤마을에는 경상북도 유형문화재 제262호로 지정된 대율리대청과 남천고택이라고도 불리는 상매댁 그리고 보물 제988호인 대율리석불입상 등이 남아있다.

⑤ **인각사** 신라 선덕여왕 11년(642)에 의상대사에 의해 창건된 사찰로 일연선사가 5년간 머무르며 《삼국유사》를 완성한 곳이다. 인각사에는 일연선사의 부도인 보각국사정조지탑과 일연선사의 행적을 기록한 보각국사비가 남아 있다. 둘은 모두 보물 제428호로 지정돼 있다.

맛집

군위삼존석굴이 위치한 남산리 일대에 식당이 밀집해 있다. 원두막식당(383-8227, 꿩샤브샤브), 산너머남촌(383-5445, 촌닭백숙), 동화속으로(383-7979, 갈비찜), 꿈의도시(383-8300, 산채비빔밥) 등이 추천할 만하다.

숙소

남산리 부근에는 송암장모텔(383-9303), 남산장여관(383-8800), 현대모텔(383-6200), 팔레스모텔(383-3804) 등이 있으며, 인각사에서 멀지 않은 고로면 장곡리에 장곡자연휴양림(382-9925, www.janggok.co.kr)이 있다.

미꾸라지 없는 추어탕
청도 민물잡어추어탕

농경을 시작하기 전까지 민물고기는 인류에게 더없이 소중한 식량자원이었다. 인류의 먹이활동 중 수렵만큼 중요한 비중을 차지했던 것이 천렵이라는 사실이 이를 증명한다. 천렵은 말 그대로 하천 등지에서 민물고기를 잡는 행위를 가리킨다. 강이 많은 우리나라에서 천렵은 특히 친숙한 어로활동이었다. 천렵을 놀이로 즐겼던 풍습이 남아 있을 정도니 더 말해 무엇할까. 민물고기를 이용한 다양한 요리가 발전해 올 수 있었던 것도 이와 무관하지 않을 터다.

글 · 사진 | 정철훈

손끝으로 이어지고 혀끝으로 기억되는 고향의 맛

고대 중국에서는 오래전부터 민물고기를 식용해온 것으로 알려져 있다. 5만 년 전 고대 중국의 일부 민족은 장어를 식량으로 활용한 뒤 그 뼈를 장신구로 사용했으며, 1만 년 전에는 민물고기를 소금에 절여 보관하는 염장기술까지 개발했던 것으로 알려졌다. 물론 그 이전에도 민물고기를 식량으로 활용한 인류는 존재했겠지만 지금껏 남아 있는 유적과 기록에 의하면 그렇다는 얘기다. 이렇듯 민물고기는 인류의 역사에서 빼놓을 수 없는 중요한 먹을거리 중 하나였다.

우리나라에도 민물고기를 이용한 요리가 다양하게 전해져온다. 민물고기는 특히 탕으로 먹는 경우가 많았는데, 조선시대 문헌인 《규합총서》에도 송어탕, 잉어탕, 메기탕 등 민물고기를 이용한 조리법이 제법 등장한다. 하지만 어종에 상관없이 잡히는 대로, 있는 재료를 이용해 끓여 먹던 잡어탕에 대한 기록은 어디에서도 찾아볼 수 없다. 사실 할머니와 어머니의 손맛으로 이어져 온 잡어탕에 대한 체계적인 기록을 기대하는 것 자체가 무리일지 모른다. 그래도 다행인 건 그렇게 손끝으로 이어지고 혀끝으로 기억되는 민물잡어탕의 존재가 지금껏 꾸준히 맥을 이어오고 있다는 사실이다.

민물잡어탕이라고 하면 많은 사람들은 으레 매운탕이나 어죽을 떠올린다. 둘 다 고추장과 고춧가루를 듬뿍 넣고 얼큰하게 끓여내는 것이 특징이다. 이는 민물고기 특유의 비린내를 최소화하는 방법을 얼큰한 국물에서 찾으려 했기 때문인데, 실례로

앞서 언급한《규합총서》에 나오는 탕 요리 대부분도 매운탕의 형태를 하고 있다. 하지만 민물잡어를 이용한 탕 요리를 매운탕이 아닌 맑은탕으로 끓여내는 경우가 있다. 바로 미꾸라지가 들어가지 않은 추어탕으로 유명한 청도의 민물잡어추어탕이 그것이다.

맛 하나로 이어온 46년 외길 인생

청도역 앞 난전 주변으로는 유독 추어탕 집 간판이 눈에 많이 띈다. 다들 원조를 내세우지만 그중에서도 단연 눈에 띄는 곳은 김말두 할머니가 운영하는 의성식당이다. 청도에 있는 의성식당, 그리고 미꾸라지가 들어가지 않는 추어탕. 맛도 맛이지만 궁금한 게 한두 가지가 아니다. 우선 미꾸라지를 넣지 않는 이유가 궁금하다. 김말두 할머니는 '안 넣는 게 아니라 있으면 넣기도 한다'고 말한다. 유동적이란 얘기다. 처음 식당을 시작할 때는 간혹 넣기도 했지만 지금은 거의 넣지 않는다고. 미꾸라지가 들어가면 맛이 텁텁해지기도 하지만 자연산 미꾸라지를 구하기가 쉽지 않은 것이 가장 큰 이유라는 설명이다. 그럼 왜 추어탕이라 부를까. 이 물음에도 김말두 할머니의 대답은 명쾌하다. 어려서부터 그리 불렀기 때문이란다. 그럼 혹시 의성식당이라는 이름도? 맞다. 김말두 할머니의 고향

 추어탕에 들어가는 향신료는 초피

청도 민물잡어추어탕이나 일반 추어탕에 약방의 감초처럼 들어가는 향신료 중 초피(제피)가루라는 것이 있다. 톡 쏘는 독특한 향 때문에 좋고 나쁨이 극명하게 갈리는 향신료이다. 한데 많은 사람들이 초피와 산초를 혼동해 사용하는 경우가 있다. 심지어 초피와 산초를 같은 나무로 알고 있는 사람도 있다. 결론부터 얘기하면 초피와 산초는 분명 다른 나무다. 두 나무에서 나는 열매의 용도도 다르다. 초피열매의 껍질은 가루를 내 향신료로 사용하는 반면 산초열매의 껍질은 기름을 짜서 한방약재로 사용한다.

이 바로 의성이다.

의성에서 나고 자란 김말두 할머니는 5살 되던 해에 어머니를 잃고 할머니 손에 자랐다. 당시 고향에서 추어탕이라 부르던 민물잡어탕은 아버지가 무척 좋아하던 음식이었다. 할머니는 홀로된 아들을 위해 추어탕을 자주 끓이셨고, 그 손맛은 자연스레 김말두 할머니에게로 대물림됐다.

할머니가 돌아가신 뒤로 추어탕 끓이는 일은 자연스레 김말두 할머니의 몫이 되었다. 손끝이 야물어 집안 살림을 도맡아 하던 김말두 할머니는 21살이 되던 해 가을, 의성을 떠나 청도로 시집을 왔다. 아들 둘을 낳고 평범한 주부로 살아가던 김말두 할머니의 생활은 경찰공무원이었던 남편의 죽음과 함께 180도 달라졌다. 결혼 9년 만이었다. 남겨진 자식들과 먹고살기 위해 시작한 것이 식당이었다. 아버지가 늘 맛있다고 칭찬하던 추어탕을 메뉴로 냈다. 하지만 기대와는 달리 손님들의 반응은 그리 호의적이지 않았다. 추어탕이면서 미꾸라지가 들어가지 않는, 생소한 맛 때문이었다. 하지만 김말두 할머니는 자신의 맛을 고집했다. 어려 즐겨 먹던 맛, 아버지가 즐겨 드시던 그 맛의 끈을 놓고 싶지 않았기 때문이다. 아니 어쩌면 더 이상 물러설 곳 없다는 절박함에서 오는 오기였는지도 모른다. 여기에서 한 걸음 더 물러서면 모든 것이 끝이라는 절박함. 메뉴를 늘리지 않은 것도, 식당에서 술을 팔지 않기로 마음

| 청도추어탕 레시피 |

① 꺽지, 동사리 등 민물생선의 내장을 빼고 깨끗이 씻는다.
② 손질한 생선을 채에 걸러낸다.
③ 무청과 파 그리고 채에 걸러낸 생선을 넣고 끓인다.
④ 간장으로 간을 맞춘다.

먹은 것도 맛으로 인정받고 싶은 마음에서였다. 그렇게 46년의 세월이 흘렀다.

이제 청도 추어탕은 청도를 대표하는 음식으로 자리를 잡았다. 김말두 할머니는 요즘도 여전히 새벽 4시면 식당으로 나온다. 그리고 직접 육수를 끓여낸다. 하루 세 번 큰 가마에서 끓여내는 육수는 집에서 담근 간장으로만 간을 맞춘다. 46년 동안 한결같은 맛을 유지할 수 있었던 유일한 비결이다. 예전과 달라진 것이 있다면 생선 구입과 손질은 30년을 함께한 동갑내기 이인순 할머니에게 오롯이 맡긴다는 것. 분업이라면 분업이고 신뢰라면 신뢰다. 김말두 할머니의 고집을 누구보다 잘 아는 이인순 할머니는 아무리 가격이 싸도 운문댐 하류의 동창천에서 나는 꺽지와 동사리가 아니면 절대 구입하지 않는다.

의성식당의 메뉴는 여전히 추어탕 하나다. 담백한 국물 맛이 일품인 청도 추어탕은 입맛에 따라 양념장과 초피가루를 넣어 먹기도 하지만 국물 맛을 제대로 즐기고 싶다면 끓여 나오는 그대로 먹는 게 좋다. 46년을 지켜온 김말두 할머니의 고집스러운 맛이 그 속에 고스란히 담겨 있다.

 의성식당

주소 청도군 청도읍 고수8리 **전화** 371-2349 **영업시간** 06:00~20:00, 연중무휴
의성식당에서는 46년째 추어탕 하나만을 메뉴로 내고 있다. 주류도 판매하지 않는다.
최근 건물을 확장 이전해 최대 70명까지 동시에 식사가 가능하다.

 찾아가는 길

대구부산청도IC → 청도IC 교차로에서 청도 방향으로 우회전 → 청도경찰서 →
모강사거리에서 청도 방향으로 직진 → 원정사거리에서 청녕, 풍각 방향으로 우회전
→ 청화로에서 진영, 밀양 방향으로 좌회전 → 의성식당

참고문헌

《규합총서》(1809년)

80년 고집이 빚어낸 전통의 맛
동곡막걸리

모든 음식이 그렇지만 술맛의 기본도 좋은 원료에 있다. 특히 물은 술맛을 결정짓는 데 빼놓을 수 없는 중요한 요소 중 하나이다. 술의 80% 이상을 물이 차지하니 두말할 필요도 없다. 하지만 좋은 물을 확보하기란 쉬운 일이 아니다. 아니, 인력으로 어찌해볼 수 없는 것이기도 하다. 좋은 물은 만들어지는 것이 아니라 주어지는 것이기 때문이다.

글 · 사진 | 정철훈

지역 양조시장 통합 이룬 동곡양조

80년을 이어온 동곡막걸리 맛의 비밀은 1929년 양조장을 시작할 때부터 지금껏 사용해온 지하 암반수에 있다. 물맛에 변함이 없으니 술맛도 한결같다. 하지만 술맛이라는 게 어디 물맛으로만 이루어지는 것이던가. 동곡양조의 김영식 대표는 입국(粒麴) 과정에서의 온도와 습도 조절도 무척 중요하다고 설명한다. 발효는 지나쳐도 부족해도 좋을 게 없기 때문에 최적의 발효상태를 유지하는 게 중요하다는 얘기다. 결국 좋은 물과 좋은 원료 그리고 적당한 발효가 조화를 이룰 때 비로소 좋은 막걸리가 만들어진다는 것이다.

동곡양조는 1970년대까지 그야말로 최고의 전성기를 누렸다. 당시에는 '논 한 마지기 모내기에 막걸리 한 말'이란 말이 있을 정도로 막걸리 인기가 좋을 때였다. 하지만 80년대로 접어들면서 상황은 180도 바뀌었다. 맥주와 소주의 소비가 늘면서 상대적으로 막걸리 소비가 줄어든 것이다. 당시 청도에서 술맛 좋기로 소문난 동곡양조장의 처지가 그 정도였으니 인근 매전면과 운문면에서 영업하던 다른 양조장들의 형편은 말할 것도 없었다. 이때 '합동제조'라는 아이디어를 낸 이가 김영식 대표의 아버지인 고 김한광 씨였다.

동곡양조의 창업자이기도 한 고 김한광 씨는 갈수록 줄어드는 시장을 두고 서로 경쟁하기보다는 힘을 모으는 게 모두가 사는 길이라 판단하고 '합동제조'에 대한 의견을 여러 양조장 대표에게 물었다. 사실 판로가 없어 발만 동동 구르던 주변 양조장의 입장에서는 가뭄의 비처럼 반가운 소식이 아닐 수 없었다. 소식을 접한 금천면, 매전면, 운문면에 있던 7곳의 양조장에서 참여 의사를 밝혀왔다. 술맛을 인정받은 동곡양조에서 제조를 맡고, 나머지 양조장은 지역을 나눠 판매하기로 의견이 모였다. 청도뿐 아니라 전국의 막걸리 양조장들이 가장 힘들어하던 1986년도의 일이다. 모두가 힘을 합친 덕에 어려운 고비를 넘길 수 있었고, 이후 동곡막걸리는 명실상부한 청도의 대표 막걸리로 자리를 잡을 수 있었다.

운문사 처진소나무에 공양하는 동곡막걸리

힘든 80년대를 보내고 90년대로 들어서면서 양조업자들 사이에서 제대로 된 막걸리를 만들어보자는 자성의 목소리가 흘러나오기 시작했다. 그렇게 시작된 변화의 바람은 밀가루를 주원료로 하던 가공법에도 변화를 몰고 왔다. 쌀이 막걸리의 주원료로 화려하게 복귀한 것이다. 비로소 오래도록 잊혔던 우리 전통 쌀막걸리의 맛을 되찾을 기회가 온 것이다.

동곡양조도 발 빠르게 쌀막걸리 제조에 합류했다. 처음이라는 각오로 마음을 다잡았다. 우선 청도에서 생산되는 쌀을 구입했다. 그리고 다음으로 쌀과 밀가루의 적

정 조합을 찾기 위해 많은 시간과 노력을 들였다. 그렇게 찾아낸 조합이 쌀 7에 밀가루 3이었다. 동곡막걸리의 담백하면서도 달달한 뒷맛은 쌀과 밀가루의 황금 비율에서 찾아낸 것이었다.

대를 이어 동곡양조를 이끌고 있는 김영식 대표도 선친의 뜻을 받들어 지금껏 옛 방식 그대로 막걸리를 빚고 있다. 돈을 벌겠다는 마음보다는 전통을 잇겠다는 마음이 크다 보니 막걸리가 붐이라는 최근에도 물량을 늘리지 않았다. 동곡양조에서는 예나 지금이나 물량에 구애받지 않고 제조주기에 맞춰 정해진 양만큼만 막걸리를 생산한다. 주문에 따라 양을 늘리거나 줄이지 않는다는 얘기

다. 주문량에 상관없이 일정한 주기로 막걸리를 만들어야 한결같은 맛을 유지할 수 있을 뿐 아니라 가장 맛이 좋은 상태에서 제품을 출하할 수 있기 때문이다. 대신 가격에 있어서만큼은 그 어떤 타협도 없다. 아니 타협의 여지가 없다고 하는 게 더 옳은 표현일는지도 모르겠다. 늘 수요보다 공급이 부족한 상황이고 보니 지금껏 가격을 두고 흥정해본 기억이 없는 게 사실이다.

동곡막걸리는 청도의 명찰 운문사에 매년 봄과 가을 12말씩의 막걸리를 보내고 있다. 운문사의 두 노거수인 은행나무와 처진소나무에 막걸리 공양을 히기 위

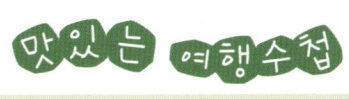 

 동곡막걸리 제대로 즐기기

생막걸리에는 효모와 유산균이 많이 들어 있으며, 암·심장질환·고혈압·당뇨에도 좋다고 알려져 있다. 그래서 막걸리를 몸에 좋은 술이라 얘기하기도 한다. 하지만 그 효과를 보려면 알아두어야 할 게 하나 있다. 막걸리의 많은 성분이 침전물에 포함돼 있다는 점이다. 때문에 막걸리를 먹을 때는 잘 흔들어 마셔야 효과를 볼 수 있다.

해서다. 선친 때부터 해오던 일이 벌써 20년을 훌쩍 넘겼다. 김영식 대표는 앞으로도 계속 이 일을 해나갈 생각이다. 청도 땅에 뿌리내리고 있는 두 노거수에 청도에서 나는 쌀과 물로 빚은 동곡막걸리보다 좋은 영양분은 없을 거란 믿음 때문이다.

 동곡양조장

주소 청도군 금천면 동곡리 799-8 **전화** 372-3015
영업시간 09:00~18:00, 매주 일요일 휴무
동곡막걸리는 100% 국산 쌀만을 사용하고 국(효모를 배양한 것)을 만드는 과정 등 대부분을 수작업으로 하여 옛날 방식을 지켜오고 있다. 쌀과 밀가루 비율을 7대 3으로 혼합해 술맛이 담백하고 단맛이 강한 편이다.

 찾아가는 길

대구부산고속도로 청도IC → IC교차로에서 밀양, 청도 방향으로 우회전 →
모강사거리에서 경주 운문 방향으로 좌회전 → 매전면사무소 → 동곡사거리 직진 →
동곡버스정류소 → 금천삼거리에서 동곡삼거리 방향으로 좌회전 → 동곡양조장

 참고문헌

《내 체질에 약이 되는 음식 222가지》(2005년, 중앙생활사)
《우리 땅에서 익은 우리 술》(2003년, 서해문집)

 맛있는 레시피

| 동곡막걸리 레시피 |

① 멥쌀을 깨끗이 씻어 하루 정도 불려 고두밥을 만든다.
② 잘게 부순 고두밥을 국과 함께 섞어 발효시킨다.
③ 밑술을 만든다.
④ 1차 담금.
⑤ 2차 담금.
⑥ 숙성과 제성과정을 거쳐 완성.

추천여행코스

범곡리지석묘군 ⇨ 석빙고 ⇨ 도주관
⇨ 삼족대 ⇨ 운문사 ⇨ 와인터널

여행정보

1. **범곡리지석묘군** 경상북도 기념물 제99호인 범곡리지석묘군은 청도천 일대에서 지석묘가 가장 많이 분포해 있는 곳으로 청동기시대 것으로 추정되는 34기의 지석묘가 있다.

2. **석빙고** 보물 제323호인 청도석빙고는 조선 숙종 때 만들어진 얼음 저장고로 전국에 있는 6기의 석빙고 중 그 역사가 가장 오래된 것으로 알려져 있다.

3. **도주관(의성식당)** 경상북도 유형문화재 제212호인 도주관은 조선시대 청도군 객사로 쓰이던 곳이다. 도주는 청도의 옛 이름으로 객사 중앙에 정청을 두고 좌우에 동헌과 서헌이 자리해 있다.

4. **삼족대(동곡막걸리)** 삼족대는 조선 중종 14년(1519)에 삼족당 김대유(1479~1552)가 후진 교육을 위해 건립한 것으로 그의 호를 따라 삼족대라 불린다.

5. **운문사** 호거산 자락에 위치한 운문사는 신라 진흥왕 21년(560)에 창건한 사찰로 일연선사가 5년 동안 주지로 머물면서 삼국유사 집필을 시작한 곳으로도 유명하다. 경내에는 7점의 국가지정보물과 천연기념물 제180호인 처진 소나무가 있다.

6. **와인터널** 대한제국 말기에 경부선 철도용으로 뚫은 터널이다. (주)청도와인에서 청도의 특산품 반시로 와인을 만들어 숙성시키는 곳으로 사용되고 있다.

맛집

청도역 부근에는 의성식당을 포함해 역전추어탕(371−2367), 삼양추어탕(371−5354), 향미식당(371−2910) 등이 추어탕 골목을 형성하고 있으며, 운문사 인근에는 울산아지매집(373−0568), 하얀집(372−5599), 삼보식당(372−8835) 등 산채정식을 내는 집들이 모여 있다.

숙소

온천과 숙박을 동시에 해결할 수 있는 용암웰빙스파(371−5500)와 운문사 인근에 위치한 운문산 자연휴양림(371−1323)이 추천할만하다. 이외에 운문면 일대에 후레쉬모텔(371−0700), 산수장여관(373−4335), 청운장여관(371−9700), 화양읍 일대에 비바모텔(371−5666), 스위스산장(373−3114) 등이 있다.

달콤한 경북 별미 스토리텔링
맛있는 경북 여행

초판 1쇄 | 2010년 11월 4일

지은이 | 정보상, 이동미, 윤규식, 정철훈, 문일식

발행인 겸 편집인 | 유철상

기획 | 두현(한은희)
책임편집 | 유철상
집필 · 사진촬영 | 정보상, 이동미, 윤규식, 정철훈, 문일식
디자인 | 이혜민
교정 · 교열 | 임지선

펴낸 곳 | 상상출판
주소 | 서울시 동대문구 용두동 787 동의보감타워 1628호
구입 · 내용 문의 | **전화** 070-8886-9892~3 **팩스** 02-963-9892
등록 | 2009년 9월 22일(제305-2010-02호)
찍은곳 | 미래프린팅(주)

※ 가격은 뒤표지에 있습니다.

ISBN 978-89-963244-8-5(13980)